河北省社会科学基金项目（HB23 YS044）

赵艳红　宋伯轩　孙晨旸　宋永生　编著

茶·茗与艺

化学工业出版社

·北京·

内容简介

本书是一部图文并茂、雅俗共赏的茶文化专著，系统地阐述了茶文化知识，旨在以茶传识、以茶养性、以茶育德。本书共分为四大部分内容：茶和茶文化的源流，各类茶的制作、品鉴与名茶赏析，茶的沏泡艺术，茶与健康。作者从实用角度详尽解析了茶的发现、栽培、加工、利用，以及茶的鉴赏、冲泡、茶艺表演、饮茶与健康等具体内容。

本书可作为茶文化研究人员及茶艺爱好者的参考资料，也可作为茶艺师职业资格培训及考试的参考用书。

图书在版编目（CIP）数据

茶·茗与艺 / 赵艳红等编著. -- 北京：化学工业出版社，2025. 2. -- ISBN 978-7-122-46528-3

Ⅰ. TS971. 21

中国国家版本馆CIP数据核字第20247R6Y21号

责任编辑：迟　蕾　李植峰　　　　文字编辑：谢晓馨　陈小滔
责任校对：宋　玮　　　　　　　　装帧设计：梧桐影

出版发行：化学工业出版社
　　　　　（北京市东城区青年湖南街13号　邮政编码100011）
印　　装：天津市银博印刷集团有限公司
787mm×1092mm　1/16　印张12½　字数148千字
2025年3月北京第1版第1次印刷

购书咨询：010-64518888　　　　　售后服务：010-64518899
网　　址：http://www.cip.com.cn
凡购买本书，如有缺损质量问题，本社销售中心负责调换。

定　　价：68.00元　　　　　　　　版权所有　违者必究

序

初冬，赵艳红教授与我们一行数人参访日本静冈大学，受到世界知名香气研究专家渡边修治教授的盛情款待。日暮时分，大家兴致盎然，围炉品茗。等待品茶时人们都有一种难以言尽的愉悦心情：干茶入水，嫩芽舒展，生命重新绽放；茶香氤氲，品茶者之心情如静待花开。

刚刚读完赵教授"品茗艺术"系列丛书之第二部《茶·茗与艺》的初稿，掩卷闻香，一种欣喜、自豪、赞美的心情与今夜的茶席同在。

近年来，国内外茶科学文化研究及推广活动日益广泛，我与赵教授在国内外许多地方多次不期而遇。据我所知，赵艳红教授承担着大量的教学、科研以及茶文化推广工作，仍从繁忙的日常工作中挤出时间完成一部缜密翔实的著作，确实难能可贵。她的系列作品第一部《茶·器与艺》在2018年经化学工业出版社出版，深受读者喜爱，她不负众望完成续篇，只因为心中始终有传承中华茶文化的神圣使命感的鞭策。

《茶·茗与艺》一书系统、科学地阐述了茶的起源、发展，以及评茶、品茶、茶与健康等基本内容。可贵的是，作者在书中突出强调了三个观点：第一，中国茶艺实践生活化；第二，茶文化、茶艺使个人素质在社会活动中升华；第三，当代茶科学技术让人类更健康。

　　"茶艺生活化"是与"茶艺专业化"相对而言的，其核心内容是如何将一盏茶泡得更好，将每一款茶品最优秀的特质通过茶艺提炼表达出来，让世人共享。此中囊括了茶人关于茶的基础知识、茶艺技能、生活理念以及审美情趣。"茶艺专业化"趋于对茶的种植、加工、审评等具体功能的研究，在当今专业划分日益精细的时代背景下，这些研究应更多地由专业的科研工作者完成。

　　茶文化是渗透到日常生活中的文化。以"静待花开"的心境参加茶会，仪容高贵典雅，仪表整洁朴素，仪态彬彬有礼。一个人综合素质的提升可以带来社会认可度的提升，这意味着今后可分享更多的社会资源。

　　中国幅员辽阔，物产丰富，茶文化科学技术积淀厚重。更令人高兴的是，我们有大量的优秀学者致力于茶科技领域的研发与研创，在许多领域中国茶研究已步入世界前列，茶的诸多产品为人们现代生活注入了崭新的活力。作者对当代世界最新的茶科技产品进行了系统的归纳推介，展现给社会，与读者分享以茶养生的秘籍。

入夜，品茗时刻，宁静美好，忽然接到杭州传来的消息：赵艳红教授指导的《程门立雪》茶艺表演荣获中华茶奥会团体比赛金奖。这是继她指导《女人如茶》茶艺表演获茶奥会金奖后的梅开二度。回想我们在年初共同参加茶仕利科技产品庆典，喜闻一大批茶科技新品面世；回望初秋赴福建建瓯寻访宋代北苑贡茶遗址，探讨名茶复兴；畅想茶艺大赛一代新人脱颖而出，如鲜花绽放。中华茶科技、茶文化正以崭新的面貌呈现给全世界。此时，心中顿觉无限欣慰。这是一个茶香飘遍五洲的时代，这是一个茶意无尽、青春永驻的时代。在这个时代里，我们弘扬传统，传播文化，看一代新人辈出，纵然有些劳苦，纵然千里奔波，终亦无悔。

　　唐宋时期茶得到了人们前所未有的喜爱，从皇宫到民间有无数的赞美和著书立说，制茶、学茶、写茶、斗茶成为人间美事。千年后的今天，我们进入茶历史的洪流中，成为茶的弄潮儿。六茶共舞，三产融合，茶旅一体，茶学人才济济，茶品迭代迅速，茶事成为家事、国事和天下事。让中国人民乐享茶生活，让世界爱上中国茶。

屠幼英

生活因茶而更美好

　　中国数千年的历史源远流长，十几亿人民勤劳智慧，为世界创造了丰富多彩的物质财富，同时也呈现了光辉灿烂的精神文化。茶，因其优异的禀性、特质被誉为山川灵物、草本精华。自传说中神农尝百草伊始，茶成为中国悠久历史的一部分，历朝历代皆有其清香雅气存留。越来越多的人对茶产生了浓厚的兴趣。为什么小小的一片绿叶竟然有如此魅力呢？我们从茶的基本知识、茶叶品评、泡茶技巧以及茶的衍生产品在生活中的应用四个部分入手研究，逐步揭示茶的奥秘。

　　中国古代先人最早以茶为食、以茶为药，逐步发展为以茶为饮、茶材多用，其中经历了漫长的历史过程。茶的应用推动了茶文化、茶艺的发展。茶的饮用艺术讲究茶叶、器具、水、冲泡方法等精妙结合，在众多品质不一的茶品中甄别择取品质优异者，才能泡出极致的味道；好茶宜配好器，茶器过于简陋或茶器应用不当都泡不出理想的茶汤；除了茶与器，泡茶之水也十分重要，并非所有的水都适合泡茶，不同的茶需要的水温、水量亦各不相同，只有对水有深刻的认识，才能与茶相得益彰；一切茶材、器具准备得当之后，还须讲究合理的冲泡方法，每个步骤都做到准确无误，方能泡出优质的茶汤。本书第一部分详尽介绍了茶的起源、饮茶流变、茶文化的产生、茶艺要素等，带领大家初识茶的美妙之处。

中国茶叶分六大基本茶类及再加工茶类。不同茶类的品种名目繁多，琳琅满目。评定一种好茶要依据茶叶的特性、品质、价格等因素综合考量。本书第二部分阐述了茶的植物学特征、各类茶的加工工艺以及中国历代名茶的产生、种类、变迁及品饮方式，重点介绍当代绿茶、黄茶、红茶、青茶、黑茶、白茶及再加工茶之中最具代表性的名茶名品。从实用角度分析各类茶叶的品质、特性，依循专业品评标准，解读识茶品茶的基本方法。

常有学生问我这样的问题："同样面对一款好的茶品，为什么老师您泡得比我们泡得更好喝呢？"想把茶泡得更加美味，广义地讲涉及几个方面的因素：雅境、佳客、精茶、宜器、真水、妙艺及品鉴。狭义地讲，泡茶的影响因素包括茶与水的比例、冲泡水温、冲泡时间、冲泡次数及冲泡手法等。熟悉各因素的作用和特点，多加训练，日积月累，则每人都能泡一手好茶。本书第三部分以图文并茂的形式对泡茶各影响因素及实操方法做详尽解析，使大家充分理解茶汤形成的基本原理，品悟泡茶的妙趣。

茶，为人们带来了美好的感受。近年来，中国的专业科研院所、高等院校中许多优秀学者在茶的开发、应用、研究方面取得了大量优秀成果。例如，浙江大学茶学博导屠幼英教授团队研发的EGCG、茶氨酸提纯产品以高纯度、高品质、高能效的特质而享誉世界。本书第四部分分享茶界专家的最新成果，通过解读茶健康密码，阐述茶与健康的关系，叙述科学饮茶及科学用茶的方法，倡导当代绿色茶生活，培养健康行为方式。所有这些现代健康元素一经融入我们的日常生活便受益无穷，由此可以说："茶，让我们的生活更美好。"

　　《茶·茗与艺》是"品茗艺术"系列丛书中的第二部,曾于2018年出版的《茶·器与艺》为本系列第一部作品,讲述了茶器的发展、应用、特点等,与本书结合在一起共同叙述了中国茶艺的基本内容。本系列第三部作品《茶·境与艺》主要论述品茗环境营造、茶空间与茶席设计、品茗艺术与茶艺美学等内容,从一个崭新的角度探讨中国传统艺术及品茗艺术对智慧生命的启迪。

　　品茗是一种生活方式,更是一种意境表达,一种文化寄托。品茗可使人心情愉悦,体悟茶的精神,提高艺术品位,开拓生命视野。茶文化博大精深,笔者只是在这里做了有限的掇拾,若能给大家带来些启示与帮助,将感到无比荣幸,在此向大家致以衷心的感谢!

赵艳红

2025年1月

于河北保定

目录

第三章

惊鸿掠影
香茗妙手赏神韵

第四章

茶与生命
相逢一笑总年轻

第一章

草木英华

芳菲一叶出华夏

第一节

话说古老的东方茶

茶，一种原产于中国的古老、神奇而美妙的植物，其食用及药用的功能被人们发现与利用，后来则成为人们喜爱的饮品。在漫长的历史岁月里，中华民族对茶的培育、制作、品饮、应用，以及对茶文化的始创、形成与发展做出了突出贡献，在人类文明史上书写了丰厚、翔实、绚烂的一页。追本溯源，世界各国引种的茶树、茶叶加工的工艺、茶叶品饮的方式，以及茶礼、茶仪、茶俗、茶艺、茶会、茶道等都直接或间接地源自中国。

一、那片神奇的树叶

1. 最初的发现

黄河流域的华夏民族在长期的生活实践活动中发现茶叶味苦性寒，久服可安心益气、轻身耐劳；茶可以缓解头疼、膀胱炎、受寒发热，还能止渴提神，使心情爽适。

传说茶是由神农发现的。神农是中国古代传说中的人物，相传五千年前他教人们从事农业生产，又亲尝百草，尝各种草的酸、咸、甘、苦、辛五味，用酸入肝、咸入肾、甘入脾、苦入心、辛入肺的理论为人们治病（图1-1）。

最初人们利用的是野生茶，在很长时间以后出现了人工栽培的茶树。东晋《华阳国志》提到："土植五谷，牲具六畜。桑、蚕、麻、苎、鱼、盐、铜、铁、丹、漆、茶、蜜……皆纳贡之。"这一史料记载的历史是公元前1066年周武王时期，也就是说，早在3000多年前，我国已用茶叶作为贡品了。

图1-1　宋伯轩　《神农尝百草》

从上古时代先民发现茶及其疗病作用，到此后人们把茶当菜充饥、作为祭品供奉先祖、作为贡品进献朝廷，最后茶发展成为大众饮品。饮茶最终成为一种高雅安静、祥和有趣的生活习俗。

2. 原产在中国

当今世界五大洲都产茶，种茶国家60余个，主要有中国、印度、斯里兰卡、肯尼亚、印度尼西亚、日本、土耳其和孟加拉国等。关于茶树原产地的问题曾出现过不同的观点：英国人勃鲁士（R.Bruce）在印度阿萨姆发现野生茶树，认为茶树原产于印度；也有人提出大叶种茶树原产于中国西藏之东包括中国四川、云南，以及越南、缅甸、泰国、印度阿萨姆等地，而小叶种茶树原产于中国东部及东南部；还有人提出泰国北部、缅甸东部、越南、中国云南等地都可能是茶树的原产地。

在过去的一百多年中，美、俄、法、中、日等国家的众多科学家就茶树的起源问题进行了全面交流研究后认为，中国西南地区是茶树的真正原产地，印度等地的茶树均属中国品种。中国西南地区是世界上最早发现野生茶树，以及现存野生大茶树最多、树体最大、最集中的地方。这些古茶树保持着植物不同进化阶段的种性特征，是育种研究的宝贵资源。同时这里是最早发现茶、运用茶的地方。

约2亿年以前，因地球板块漂移，造成地质分裂，形成劳亚古陆和冈瓦纳古陆，两大陆之间为古地中海。劳亚古陆为热带植物区系，冈瓦纳古陆为寒带植物区系，一切高等植物的发源地均在劳亚古陆。

中国位于劳亚古陆，而印度位于冈瓦纳古陆。茶树在冰川时期以前已从山茶属中分化出来，而当时喜马拉雅山还沉于海底，所以茶树不可能起源于印度北部。当地球进入第三纪末至第四纪初时，全球气候骤冷，出现了冰川时期，大部分亚热带作物被冻死，而中国西南地区的一些区域受冰川影响较小，部分茶树得以存活下来。如今在云南、贵州、四川一带发现的为数众多的野生大茶树，证明了茶树原产于中国西南地区的事实。在中国云南的西双版纳，至今还保存着茶树原初生长弥足珍贵的物证。勐海县巴达大黑山原始森林中的"世界茶树之王"、勐海县贺开的栽培型千年古茶树、凤庆县鲁史镇千年古茶树群落（图1-2），它们都是穿越时光存留下来的活化石。

二、芬芳遍五洲

茶和其他作物一样，它从被发现到应用经历了一个漫长的过程，从最早为食用或药用，逐渐演变成饮用的植物品种。到春秋时期，茶叶生产取得进展，茶叶可混煮羹饮作为菜食。《晏子春秋》中记载，晏婴日常生活中除了吃糙米饭和三五样荤食外，都是以茶叶当菜食。我国一些少数民族至今仍沿袭古法，有"凉拌茶菜"和"油茶"等吃法。

图1-2　凤庆县鲁史镇千年古茶树群落

秦汉时期，茶从药物扩展为饮品，茶叶的利用进入了一个广阔的新时期。在西汉，我国四川一带饮茶、种茶已日趋普遍。成都及周边郡县均产茶，在武阳（今四川眉山彭山区）附近设有初级茶叶交易市场。茶已成为当时士大夫阶层的常用饮品。中国茶的起始点在巴蜀地区，古人云"自秦人取蜀而后，始有茗饮之事"。秦统一中国以后，茶从原产地传向全国。

三国时期吴国末代国君为孙皓，其原封为乌程侯。乌程后改为吴兴，即今浙江湖州，是我国较早的茶叶产地。孙皓性嗜酒，每次设宴，座客至少饮酒七升，即便酒量有限不能完全喝进嘴里，也要浇于头上并亮盏说"干"。吴国官员韦曜的酒量不过二升，只因博学多闻，深为孙皓所器重。孙皓对他特别优待，宴中就暗中赐给他茶汤来代替酒，这就是"以茶代酒"的来历。

人类对茶利用的每一个历史阶段，都存在着多种形式。

茶沿长江而下，长江中游或华中地区成为茶业中心。茶的加工、种植首先向东南部湘、粤、赣地区传播。三国、西晋时期，随着荆楚茶业和茶文化在全国的日益发展，再加上地理上的有利条件，长江中游或华中地区在中国茶文化传播上的地位，逐渐取代巴蜀地区而明显重要起来。三国时，南方栽种茶树的规模和范围有很大的发展，茶的饮用范围也更为广泛，传播到了北方的豪门贵族。

东晋南北朝时期，长江下游和东南沿海茶业迅速发展。这一时期，上层社会崇茶之风盛行，使得南方尤其是江东茶业和茶文化有了较大的发展。东南地区植茶，由浙西进而扩展到了现今温州、宁波沿海一线。两晋之后，茶业重心东移的趋势更加明显。

中唐以后，长江中下游地区成为中国茶叶生产和技术中心。此茶区不仅茶产量大幅度提高，种茶技术也达到了当时的最高水平。湖州紫笋茶和常州阳羡茶成为贡茶。江南茶叶生产集一时之盛。安徽黄山祁门县周围，千里之内，各地种茶，山无遗土，业于茶者无数。赣东北、浙西和皖南一带，茶业有了快速发展。由于贡茶设置在江南，大大促进了江南制茶技术的提高，也带动了全国各茶区的生产和发展。自唐代开元年间起，唐人上至天子、下迄黎民，几乎所有人都不同程度地饮茶。专门采制宫廷用茶的贡焙院也是在这一时期设立的。皇室嗜茶引起了王公贵族们争相仿效。

宋代茶业重心由东向南移。宋代茶业重心南移的主要原因是气候的变化，因江南早春气温低，茶树发芽推迟，不能保证茶叶在清明前进贡到都城。福建建安（今福建建瓯）气候较暖，建安茶作为贡茶，其采制使建安成为中国团茶、饼茶制作的主要技术中心，带动了闽南和岭南茶区的崛起和发展，至此茶已传播到全国各地。宋朝的茶区基本上已与现代茶区范围相符。

明清以后，不同之处只是茶叶制法和各茶类的兴衰演变而已。

中国茶叶、茶树、饮茶风俗及制茶技术，随着中外文化的交流和商业贸易的开展而传向全世界。陆上和海上"丝绸之路"也是茶叶传播之路。茶最早传入朝鲜、日本，之后由南方海路传至印度尼西亚、印度、斯里兰卡等国家，16世纪传至欧洲各国，进而传到美洲大陆，并由北方传入波斯、俄国。

三、曾经的称谓

唐代陆羽所著的《茶经》中提到"其名，一曰茶，二曰槚（jiǎ），三曰蔎（shè），四曰茗，五曰荈（chuǎn）"。总之，在陆羽撰写《茶经》前，对茶的称谓有10余种，其中用得最多、最普遍的是"荼"。由于茶事的发展，陆羽在写《茶经》时将"荼"字减少一画，改写为"茶"。从此，在古今茶学书中"茶"字的形、音、义也就固定下来了。

由于茶叶最先是由中国输出到世界各地的，所以各国对茶的称谓是由中国茶叶输出地区人民对茶的称谓直译过来的，如日语的"chà"、印度语的"chā"都为"茶"字原音；俄语的"чай"，与中国北方"茶"的发音相似；英语的"tea"、法语的"thé"、德语的"tee"，都是按照中国广东、福建沿海地区人民的发音转译的。大致说来，茶叶由中国海路传播到西欧各国，茶的发音大多近似中国福建沿海地区的"te"和"ti"音；茶叶由中国陆路向北、向西传播的国家，茶的发音近似中国华北地区的"cha"音。"茶"字的演变与确定从侧面告诉人们："茶"字的形、音、义最早是由中国确定的，至今已成为世界人民对茶的称谓（图1-3）。

（a）明 唐寅　　（b）明 文徵明　　（c）晋 王羲之　　（d）唐 颜真卿

图1-3　书法"茶"字

　　茶被发现和利用后，不同历史时期、不同地域的"茶"字和茶的称谓不同。就茶名而言，代表"茶"意义的名词就有三十个左右，如荼、茶、苦茶、槚、蔎、荈、诧、茗、皋芦、瓜芦、茗菜、苦荼等。

　　"荼"字最早出现于《诗经》中。古文中"荼"字的含义较多，有的指野菜，有的指茅草、荆棘等，也有的指茶。现在普遍认为"荼"字是"茶"字的前身，汉代开始借用"荼"字指茶，源于蜀地方言。用"荼"字指茶在古文献中很常见。中国最早的一部辞书《尔雅》的《释木》中有"槚，苦荼"的记载。东晋著名学者、训诂学家郭璞注为："树小如栀子，冬生，叶可煮羹饮。今呼早采者为荼，晚取者为茗，一名荈。蜀人名之苦荼。"三国时就有把"荼"念成"cha"的记载，西汉时荼陵侯刘沂的领地之一荼陵县，即现在湖南省茶陵县，汉时的读音也为"cha"。在陆羽的《茶经》中也有记载。"槚"本指高大的乔木型茶树。据考证，长沙马王堆一号墓（公元前160年）和三号墓（公元前164年）的随葬清册中都有"槚"的异体字，这说明在公元前2世纪以前"槚"字已普遍使用。"诧"是古"茶"字。"荈"也是古"茶"字，专指茶，意为采摘时间较晚的老茶叶及其制品。隋唐以后，"荈"字已少用，逐渐被"茗"字所替代。

第二节
草木亦有文化

一、茶的文化气质

文化是人类社会历史实践过程中所创造的物质财富和精神财富的总和，包括知识、信仰、艺术、美德、法律、习俗和习惯等。茶文化是人们在发现、生产和利用茶的过程中，以茶为载体，表达人与人、人与自然之间各种理念、信仰、情感等思想观念的各种文化形态的总称。茶文化包含作为载体的茶和使用茶的人所涉及的一系列物质、精神、习俗、心理、行为的表现。

茶具有各种功能，恬淡清雅，口感爽适，提神益思。历代文人墨客、艺术巨匠多以茶为题材创作诗词、书法、绘画等艺术作品，其他艺术门类如戏剧、舞蹈、音乐、雕塑等均广泛涉及茶事。茶还与宗教、哲学、历史、经济、政治、科学、技术、旅游、建筑等紧密结合，成为中华传统文化的重要组成部分。唐宋以来，茶文化向世界各国传播，与各国风俗民情结合，逐渐形成了各国各具特色的茶文化。日本的"茶道"、韩国的"茶礼"、英国的"午后茶"、阿根廷的"马黛茶"等，均源于中华茶文化。茶的所有一切，包括茶的起源、人类饮茶方式的发展与变迁、中国茶文化的对外传播、茶种植与加工的历史及演变、茶的品饮、茶具的鉴赏、中国与世界各地之茶俗，以及茶与社会、宗教、哲学、文艺、经济、政治、人类健康的关系等内容，均具有浓郁的文化气质。

茶的物质文化包括人们从事茶叶生产的活动方式和相应的产品，如有关茶叶的栽培、制作、加工、保存、化学成分及疗效研究等；也包括茶、水、器具等实物，以及茶馆、茶楼、茶亭等实体性设施。凡此种种均可感知茶的文化氛围。

　　茶的精神文化是指把茶的天然特征和社会特征升华为一种精神象征，把茶事活动上升到精神活动。例如，将煮泡、品饮茶的过程与价值观念、审美情趣、思维方式等主观因素相结合，由此产生的认识、理念及生发的丰富联想，将饮茶与人生处世哲学相结合，上升到哲理高度，形成所谓的茶道、茶德、茶人精神等。这是茶文化的深层次结构，也是茶文化的核心部分。

　　饮茶是人类美好的物质享受与精神享受，饮茶文化逐渐渗透到社会的各个领域、层次和角落。虽然富贵之家过的是"茶来伸手、饭来张口"的生活，贫苦之户过的是"粗茶淡饭"的日子，但都离不开茶。人生在世，"一日三餐茶饭"是不可省的，即使是祭天、祀地、拜祖宗，也得奉上"三茶六酒"。无论是王公显贵、社会名流，还是平民百姓，对茶的需求是一致的。

　　中国是一个多民族的国家，五十六个民族都有自己多姿多彩的茶俗。蒙古族的咸奶茶、维吾尔族的奶茶和香茶、苗族和侗族的油茶、傈僳族的油盐茶，主要是用茶作食，重在茶食相融；傣族的竹筒香茶、回族的罐罐茶等，追求精神享受，重在饮茶情趣。尽管各民族的茶俗有所不同，但按照中国人的习惯，凡有客人进门，不管是否要喝茶，主人敬茶是少不了的；从世界范围看，各国的茶艺、茶道、茶礼、茶俗，在饮茶的民族性区别形式下都有"尊敬""礼仪"的文化内涵。茶文化的社会性、广泛性、民族性、区域性决定了茶对中国文化的发展具有传承性的特点，成为中华文化形成、延续与发展的重要载体。

　　茶作为一种物质，它的形和体是异常丰富的；茶作为一种文化载体，又有深邃的内涵和文化的包容性。茶文化就是物质与精神有机结合而形成的一种独立的文化体系。

　　茶文化是雅俗共赏的文化，它在发展过程中，一直表现出高雅和通俗两个方面，并在高雅与通俗的统一中向前发展。历史上，宫廷贵族的茶宴、僧侣和士大夫的斗茶与品茶，以及茶文化艺术作品等，是茶文化高雅性的表现，但这种高雅的文化植根于同人民生活息息相关的通俗文化之中。

茶在满足人类物质生活方面表现出广泛的实用性，如食用、治病、解渴。而"琴棋书画诗酒茶"又使茶与文人雅士结缘，在精神生活方面表现出广泛的审美情趣。茶的千姿百态，茶文化艺术作品的五彩缤纷，茶艺、茶礼的多姿多彩，都能满足人们的审美需要。

中国茶文化，融合了儒、道、佛各家的优秀思想，负载着儒、道、佛文化的内涵。茶文化既融合了儒家"中庸和谐"的思想观念，也融合了道家"天人合一"的思想观念，还融合了佛家"普度众生"的思想观念。

茶文化与茶俗、茶艺、茶道等密切相关。

茶俗是指在长期社会生活中逐渐形成的以茶为主题或以茶为媒介的风俗、习惯、礼仪。人类最早认识到茶，只是将其作为自己生活中的一部分，茶可以疗疾、果腹、止渴等，茶与大众生活息息相关。

茶艺是指泡茶与饮茶的技艺。

茶道是以品茶活动为基础的综合文化，指以品茶、置茶、泡茶、饮茶为核心，以语言、动作、器具、装饰为表现，是关于修身养性、学习礼仪和社会交往的综合文化活动及特有风俗。

若从茶俗、茶艺、茶道这三者之间的关系来说，茶艺是茶文化的形象表述。无论是人们日常生活中丰富多彩的茶事活动，还是深奥玄妙的茶道精神，都必须通过茶艺来展示。

茶俗，或者说大众的茶事活动，是催生茶艺的土壤，也是培育茶道理论的基础。"俗"为根本，"艺"为表征，"道"是精髓。

在茶文化中，饮茶文化是主体，茶艺和茶道又是饮茶文化的重要内容。

茶艺的重点在"艺"，重在习茶艺术，以获得审美享受；茶道的重点在"道"，旨在通过茶艺修身养性、参悟大道。

二、茶文化的形成与发展

茶之为饮，发乎神农氏，闻于鲁周公。数千年来，茶远远超出了自身固有的物质属性，已成为一种文化修养、一种人格力量、一种精神境界。茶文化活动逐渐成为不同历史时期人们生活的社会活动及礼仪形式。饮茶在中国有着源远流长的历史。茶具有文化特色，是人类参与物质、精神创造活动的结果。

茶最突出、最重要的功能是使人兴奋愉悦，这正是茶从食物、药物阶段转变成饮料的决定性因素。于是茶便从羹饮，即作为汤粥食用，逐渐转化成作为饮料来饮用。

茶由食用到药用再到饮用的逐渐变化过程，也是人类对茶的认识逐渐深化的过程。在这一过程中，人类逐渐忽略了茶的那些不突出、不重要的功效，把握了茶能"令人兴奋"的最突出、最重要的功效，并根据这种特殊功效采取"饮用"的方式。这一转变过程大约是在汉朝至魏晋南北朝时期逐渐完成的。

饮茶方法在经历含嚼吸汁、生煮羹饮阶段后，至魏晋南北朝时开始进入烹煮饮用阶段。当时，至少在长江以南地区，纯粹意义上的饮茶，即仅仅把茶当作饮料来饮用已经相当普遍，但在饮用形式上仍沿袭着羹饮。

在这个时期，将茶当作饮料是一种更普遍的现象，占据着主导地位。饮茶的风尚和方式，则主要有以茶品尝、以茶伴果而饮以及茶粥等多种类型。这些都是茶进入文化领域的物质基础。茶作为自然物质进入文化领域，是从它被当作饮料并发现其对精神有积极作用开始的。值得重视的是，茶文化一出现，就作为一种健康、高雅的精神力量与两晋的奢侈之风相对抗。

1. 魏晋南北朝时期

魏晋南北朝时期，茶开始进入文化精神领域。当时门阀制度盛行，官吏及士人皆以夸豪斗富为美，奢侈荒淫的纵欲主义使世风日下。一些有识之士痛心疾首，提出了"养廉"的问题。社会上出现一些以茶养廉示俭的事例，如陆纳以茶待客、桓温以茶代酒宴、南齐世祖武皇帝以茶示俭等。茶成了节俭生活作风的象征，这体现了有识之士抗奢的风气导向。儒家提倡温、良、恭、俭、让以及"和为贵"，修养途径是穷独达兼、正己正人，既要积极进取，又要洁身自好。这使茶从另外一个角度超越了自然功效的范围，通过与儒家思想的联系，进入了人的精神生活，并开启了"以茶养廉"的茶文化传统。

魏晋时期，茶开始成为文人赞颂、吟咏的对象，已有文人直接或间接地以诗文赞吟茗饮，如杜育的《荈赋》、孙楚的《出歌》、左思的《娇女诗》等。其中，有的是完整意义上的茶文学作品，也有的是在诗中赞美茶饮。另外，文人名士既饮酒又喝茶，以茶助兴，开了清淡饮茶之风，出现了一些名士饮茶的逸闻趣事。从此时期开始，饮茶被一些王公显贵和文人雅士看作是高雅的精神享受和表达志向的手段，并与宗教思想结合起来。虽说这一阶段还是茶文化的萌芽期，但已显示出其独特的魅力。

南北朝时期，佛教开始兴起，当时战乱不已，僧人倡导饮茶，也使饮茶有了佛教色彩，促进了"茶禅一味"思想的产生。

2. 唐代

唐代形成了国家统一、国力强盛、经济繁荣、社会安定、文化空前发展的局面。特别是盛唐时期，社会上呈现出一种相对太平繁荣的景象，成为中国历史上的辉煌时期。这样的社会条件，为茶的进一步普及和茶文化的继续发展奠定了基础。至此，茶文化真正形成了。

唐代茶肆遍及各地，民间还有茶亭、茶棚、茶房、茶轩和茶社等场所供众人饮茶。唐代茗为众饮，与盐粟同资。上至达官显贵、王公朝士，下至僧侣道士、文人雅士、黎民百姓，几乎所有人都饮茶。随着饮茶日趋普遍，人们以茶待客蔚然成风，并出现了一种新的宴请形式——"茶宴"。唐人把茶看作上乘礼物馈赠亲友，寓深情与厚谊于茗中。唐代僧人普遍饮茶并"转相仿效"。唐代寺庙众多，佛教禅宗迅速普及，信徒遍布全国各地，世俗社会的人们对僧人加以仿效，加快了饮茶的普及。饮茶风气的盛行，加上佛教、道教的兴盛对饮茶风气所起的推动作用，为茶文化的发展打下了扎实的社会基础。随着饮茶风尚的流行，儒、道、佛思想的渗入，茶文化逐渐形成独立完整的体系。文人从好饮、喜饮，进而深入观察、研究，总结种茶和制茶经验。品茗技艺的作品相继问世，代表性论著有陆羽的《茶经》、张又新的《煎茶水记》、温庭筠的《采茶录》等。

唐代文人学士讴歌茶事，拓展了茶文化的内涵。唐代采取严格的科举制度，文人学士都有登科入仕的可能。每当会试，举人们往往在考场中困惫，连值班的翰林官也劳乏不堪。于是朝廷特命将茶汤送往考场，这种茶汤被称为"麒麟草"。举人们来自四面八方，久而久之，饮茶之风在文人中进一步发扬。唐代科举把诗列为主要内容，写诗的人需要益智提神，茶自然成为诗人最好的饮品和吟诵的对象。文人们以极大的热情引茶入诗或作文中，不断丰富茶文化的内涵，如卢仝因创作《走笔谢孟谏议寄新茶》一诗而获得茶中"亚圣"的地位。

3. 宋代

茶兴于唐而盛于宋。宋代的茶叶生产空前发展，饮茶之风非常盛行，既形成了豪华极致的宫廷茶文化，又兴起了趣味盎然的市民茶文化。宋代茶文化继承了唐人注重精神意趣的文化传统，把儒学的内省观念渗透到茶饮之中，又将品茶贯彻于各阶层的日常生活和礼仪之中（图1-4）。

宋代创制的龙凤茶，把我国古代蒸青团茶的制作工艺推向一个历史高峰，拓宽了茶的审美范围，即由对色、香、味的品尝，扩展到对形的欣赏，为后代茶叶形制艺术的发展奠定了审美基础。现今云南产的圆茶（七子饼茶）之类和旧时中国一些茶店里还能见到的"龙团凤饼"的名茶招牌，就是沿袭宋代龙凤茶而遗留的一些痕迹。

宋代的饮茶方式为点茶，与这种点茶法相应的是斗茶。斗茶又称茗战，就是品茗比赛，把茶叶质量的评比当作一场战斗来对待。宫廷、寺庙、文人聚会中茶宴逐步盛行，特别是一些官吏和权贵为博帝王的欢心，千方百计献上优质贡茶。范仲淹的《和章

图1-4　宋　赵佶　《文会图》

《文会图》中侍役正在准备的茶具，是北宋时期才出现的茶器。《文会图》虽是一幅人物画，但画面还呈现出对园林、家具、服饰、发式、茶事器具等事物的细节描绘，亦为观者打开了一条视觉性的"接近"历史真相的通道，具备"以图证史"的功能。

岷从事斗茶歌》中这样描写茗战的情况："胜若登仙不可攀，输同降将无穷耻。"斗茶不仅在上层社会盛行，还逐渐遍及全国，普及民间。三五知己，各取所藏好茶，轮流品尝，决出名次，以分高下。

宋代还流行一种技巧性很高的烹茶技艺，叫作分茶。斗茶与分茶都体现了茶饮的文化韵味。

宋代是茶馆的兴盛期。京城汴京是北宋时期的政治、经济、文化中心，又是北方的交通要道，当时汴京内茶馆鳞次栉比，尤以闹市和居民集中居住地为盛。南宋建都临安（今杭州）后，茶馆有盛无衰，城内的茶坊考究，文化氛围浓郁，室内张挂名人书画，供人消遣。大城市里茶馆兴盛，山乡集镇的茶店、茶馆也遍地皆是，只是设施比较简陋。它们或设在山镇，或设于水乡，凡有人群处必有茶馆。茶馆兴盛，茶馆文化也日益发达。

4. 元代

元代是中国茶文化经过唐、宋的发展高峰，到明、清的继续发展之间的一个承上启下的时期。原来与茶无缘的蒙古族，自入主中原后逐渐开始注意学习汉族文化，接受茶文化的熏陶。蒙古贵族尚茶，对茶叶生产有重要的刺激与促进作用。汉民族文化受到北方游牧民族的冲击，对茶文化的影响就是饮茶的形式从精细转向随意，开始出现散茶。

元代在文化政策上较宋有很大变化，元代文人尤其是宋朝遗民皆醉心于茶事，借以表现气节，磨炼意志。其中许多文人以茶诗文自嘲自娱，还以小令等借茶抒怀。茶入元曲，茶文化因此多了一种文学艺术表现形式。

5. 明代

明代饮茶风气鼎盛，是中国古代茶文化又一个兴盛期的开始。向皇室进贡的茶，只要芽叶形的蒸青散茶。皇室提倡饮用散茶，民间自然蔚然成风，从此饮用散茶成为当时主流，"开千古茗饮之宗"，改变了中国千古相沿成

习的饮茶法。这种冲泡法，对茶叶加工技术的进步，以及花茶、乌龙茶、红茶等茶类的兴起和发展起了巨大的推动作用。由于泡茶简便、茶类众多，饮茶成为人们的一大嗜好，饮茶之风更为普及（图1-5）。

明代紫砂茶具异军突起，代表一个新的方向和潮流走上了繁荣之路。紫砂茶壶不仅因瀹饮法而兴盛，其形状和材质还迎合了当时社会所追求的平淡、端庄、质朴、自然、温厚、文雅等精神需要，得到文人的喜爱。

图1-5　明人煮茶图

图中白衣主人坐石上，手持团扇扇火煮泉。铜炉上所置为宜兴茶铫，人工砌成的石桌上陈设茶壶三把、茶叶罐数个，另有白瓷茶杯、朱漆茶托一组，以及双耳香炉等。基本泡茶与饮茶器具陈设齐备，三人组合，于墨竹芭蕉下煮茶，充分呈现出明人追求品茗艺术的情趣。

中国是最早为茶著书立说的国家，明代达到一个兴盛期，而且形成了鲜明特色。朱权编写《茶谱》一书，对饮茶之人、饮茶之环境、饮茶之方法、饮茶之礼仪等作了详细介绍。张源在《茶录》中说："造时精，藏时燥，泡时洁。精、燥、洁，茶道尽矣。"这句话从一个角度简明扼要地阐明了茶道真谛。明代茶书对茶文化的各个方面加以整理、阐述和开发，其创造性和突出贡献在于全面展示明代茶业、茶政的空前发展和中国茶文化继往开来的崭新局面，其成果一直影响至今。明代在茶文化艺术方面的成就也较大，除了茶诗、茶画外，还产生了众多的茶歌、茶戏。

6. 清代

清代宫廷茶宴盛行，普洱茶、女儿茶、普洱茶膏等深受帝王、后妃、贵族们的喜爱，有的用于泡饮，有的用于熬煮奶茶。清乾隆时期，重华宫举办"三清茶宴"，目的在于"示惠联情"（图1-6）。

图1-6　清　张宗苍　《山水画》轴

台北故宫博物院收藏的张宗苍《山水画》轴，即为当时挂饰在北京香山试泉悦性山房壁上的珍品。在北京香山古刹碧云寺，有一处古木参天、环境幽美的遗址，这里曾是乾隆皇帝建造的专为汲泉品茗的茶舍，乾隆皇帝将其命名为"试泉悦性山房"，并作有不少赞美此处以及山房前"洗心亭"的诗文，均收录于《清高宗御制诗文全集》。

　　清代茶文化的一个重要表现就是茶在民间的普及，并与日常生活结合，成为民间礼俗的一个组成部分。茶馆如雨后春笋般出现，成为各阶层包括普通百姓进行社会活动的一个重要场所。民间大众饮茶方法的讲究表现在很多方面，当时的人们泡茶，茶壶、茶杯要用开水洗涤，并用干净布擦干，茶杯中的茶渣必须先倒掉，然后再斟。

　　闽粤地区民间嗜饮工夫茶者甚众，故精于此"茶道"之人亦多。到了清代后期，市场上已有六大茶类出售，人们根据各地风俗习惯选用不同茶类，如江浙一带人大都饮绿茶，北方人喜欢花茶或绿茶。不同地区、民族的茶习俗也因此形成。

　　清代小说、诗文、歌舞、戏曲等文艺形式中描述茶的内容有很多，不但数量大，而且反映了清代政治、经济以及文化的各个方面。在众多小说话本如《镜花缘》《儒林外史》《红楼梦》等中，茶文化的内容得到了充分展现，成为当时社会生活最为生动、形象的写照。

　　在清后期传统茶文化日趋衰落的过程中，一些醉心于茶的人仍然坚守着饮茶精神，将他们的真知灼见以及对民间饮茶的思考融会到诗歌、小说、笔记小品以及其他的著述之中，比较有代表性的如清末民初人徐珂的《清稗类钞》。该书中关于清代茶事的记载比比皆是，几乎可以说是时人饮茶的"实录"。

　　清代是中国茶文化发展的转折时期，茶业经历了几番大起大落。清末外强入侵，战争频繁，社会动乱，传统的中国茶文化日渐衰微，饮茶之道在中国大部分地区逐渐趋于简化，但这并非中国茶文化的终结。从总趋势来看，中国的茶文化是在向下层延伸，这更丰富了它的内容，也更增强了它的生命力。在清末民初的社会中，城市乡镇的茶馆、茶肆处处林立，大碗茶比比皆是，盛暑季节道路上的茶亭及大茶缸处处可见。"客来敬茶"已成为普通人家的礼仪美德。

7. 新中国成立后

新中国成立后，政府高度重视茶叶经济，茶叶生产有了飞速发展，茶文化也高速发展起来。如今，茶文化蓬勃发展，作为中华优秀传统文化的组成部分，已成为对世界文化的重大贡献之一（图1-7）。

图1-7 宋伯轩 《品茗图》

第三节
茶艺是一门生活艺术

　　茶艺是一门生活艺术，是以泡茶的技艺、品茶的艺术为主体，并与相关艺术要素相结合的总和。泡茶与品茶是一个过程的两个阶段，并且是相互联系、贯通的两个阶段。品茶是对泡茶过程及成果的鉴赏、体味与升华。茶艺在意识上，与民族精神、社会道德、伦理等相一致；在文化艺术上，与诗文、音乐、书画等多种文化艺术样式相融通；在物质上，与器具、食品乃至建筑相配合。因此，中国茶艺具有很大的包容性和渗透力，是富有中华民族特色并具有积极意义的生活艺术。在三千多年的中华民族茶叶利用史上，不同的历史时期有不同的饮茶方式，历经了采鲜羹饮、碾末煮饮、点茶茶艺、撮泡茶艺的演变而形成了当代茶艺。

一、饮茶流派

1. 羹饮：饮茶的原始派

　　人类最初利用茶的方式是口嚼生食，后来以火煮羹饮，就像人们煮菜汤一样。茶的饮用脱胎于茶的食用，最原始的方式是利用鲜叶烹煮成羹汤。

　　采摘茶树芽叶，经烫煮、盐腌，或经自然乳酸菌、醋酸菌发酵变酸等供作菜肴、咀嚼提神或煎饮解渴，这可能是人类利用茶叶的原始方式。现今云南基诺族的凉拌茶，西双版纳布朗族的酸茶，泰国北部山区及缅甸的酸茶，日本的阿波番茶、碁石茶等都是这种利用方式流传下来的。

　　三国时魏人张揖的《广雅》中提到，将茶做成饼块状，便于运输、存放。饮用时经炙茶、捣末再和以葱、姜等香辛料羹饮的方式一直流传至中唐。西晋杜育《荈赋》吟咏当时茶事提到："水则岷方之注，挹彼清流；器择陶拣，出自东瓯……沫沉华浮，焕如积雪，晔若春敷。"当时已重视煎茶用水及器具，将真茶碾末煎饮，茶末下沉，精华上浮，如积雪般光亮。虽然在西晋时期，巴蜀地区已萌发了不添加其他香辛料的真茶碾末煮饮法（煎茶茶艺），但作饼茗饮方式仍是汉魏六朝乃至初唐的主流饮茶方式。

2. 煮茶：饮茶的古典派

茶叶从唐代中期开始，已成为长江流域及以南地区人们喜欢的一种饮料。茶从南方传到中原，再流传到边陲少数民族地区。边陲一些少数民族有了饮茶习惯后，先通过使者，后来直接通过商人购茶，开创了中国历史上长期存在的以茶易马的茶马交易。唐中期以后，随着茶叶发展和社会对茶知识的需求，茶业在成为全国性生产和经济活动的同时，也成为一种独立的崭新的学科和文化而展示于世。

唐代是饮饼茶的时代，主流的用法仍是煮饮来喝，不再加调料混煮，提倡清饮，只加适量的盐。饼茶煎煮的步骤是先炙茶，再碾末，然后煮水，煎茶。

陆羽（733—804），字鸿渐（一名疾，字季疵），自号桑苎翁，又号竟陵子，湖北竟陵（今湖北天门）人。唐代寺院多植茶树，故陆羽自幼熟练茶树种植、制茶、烹茶之道，年幼时已是茶艺高手。陆羽22岁时告别家乡，云游天下，开始了茶学的研究生涯。多年的云游生活使他积累了大量有关各地茶的资料，江南清丽宜雅的水山村山郭、友人的倾力支援使他产生了著书立说的激情（图1-8）。他历经数载积累相关资料，撰写出传世杰作——《茶经》。《茶经》对茶的起源传说，历史记载，采摘、加工、烹煮、品饮之法，各地水质，茶器使用，以及与之紧密相关的文化习俗等内容皆作了系统全面的总结。从而使茶学升华为一门全新的、自然与人文紧密结合的崭新学科。《茶经》中记述了唐代的煮茶过程。

图1-8 元 赵原 《陆羽烹茶图》卷

图绘远山起伏，水面辽阔，临溪有一座茅屋，屋外丛树掩映。阁内一人坐于榻上，当为陆羽，一童子正拥炉烹茶。

（1）**炙茶** 炙烤的目的是把茶饼内的水分烘干，并趁热用纸袋贮藏好，不让茶的香气散失。

（2）**碾末** 炙烤过的茶饼，待冷却后要碾成末。

（3）**煮水** 煮茶用的水以山水为最好，江水次之，井水再次之。煮水分三沸，当开始出现鱼眼般的气泡、微微有声时，为第一沸；边缘像泉涌连珠时，为第二沸；到了似波浪般翻滚沸腾时，为第三沸。此时水汽全消，谓之老汤，已不宜作煎煮茶用了。

（4）**煎茶** 当水至第一沸时，即加入适量的盐调味；到第二沸时，先舀出一瓢水来，随即环激汤心，即用茶夹在锅中绕圈搅动，量取一定量的茶末，在漩涡中心投下，再用茶夹搅动；到第三沸时，茶汤出现"势若奔腾溅沫"，将先前舀出的那瓢水倒进去，使锅内降温，停止沸腾，以孕育"沫饽"（也叫"汤花"），然后把锅从火上拿下来，放在交床上。这时，就可以向茶碗中分茶了。

（5）**酌茶** 舀茶汤倒入碗里，须使"沫饽"均匀。"沫饽"是茶汤的精华，薄的叫"沫"，厚的叫"饽"，细轻的叫"汤花"。一般每次煮茶一升，酌分五碗，趁热喝饮。因为茶汤热时"重浊凝其下，精英浮其上"，若茶汤冷了，则"精英随气而竭"，茶的芳香多随热气散发，饮之索然寡味。以上就是煮茶的全过程。

3. 点茶：饮茶的浪漫派

古代茶叶加工制作总的来说分两大类。一类是团饼茶，即将鲜叶采摘下来后经过蒸压而成。茶饼压成薄片的又称"团片"，上贡朝廷的称"龙团凤饼"，茶饼外层涂蜡的又称"蜡茶"等。另一类是散茶，即将鲜叶采摘下来后经蒸炒或烘晒而成，唐时称"散茶"，宋时称"草茶"或"芽茶"。

宋代的点茶与唐代的煮茶最大的不同是煮水不煮茶，茶不再投入锅里煮，而是用沸水在盏里冲点。宋代茶类生产从传统的紧压茶类，逐步变成生产末茶、散茶，这对中国后世茶叶的发展具有深远的影响。

宋代建安茶崛起。由于当时平均气温降低，宜兴、常兴早春茶树发芽推迟，不能保证茶叶在清明前进贡。福建建安茶叶内质好，采制时间早，宜做贡茶。如欧阳修所说："建安三千里，京师三月尝新茶。"宋朝建安茶名冠全国，其茶叶采制精益求精，以至后来此地成为中国团茶、饼茶制作的主要技术中心（图1-9）。

图1-9 宋代北苑御焙摩崖石刻遗址

碑刻原文：建州东，凤凰山，厥植宜茶惟北苑。太平兴国初，始为御焙，岁贡龙凤上。东东宫、西幽湖、南新会、北溪，属三十二焙。有署暨亭榭，中日御茶堂，后坎泉甘，宇之日御泉。前引二泉，日龙凤池。庆历戊子仲春朔柯适记。

北宋年间的汴京，凡是居民多的地方，茶坊鳞次栉比。这种茶坊实际上是一种边喝茶边做买卖的场所。宋朝茶事显著的特色还有斗茶的流行。有人认为斗茶是中国古代茶艺的最高表现形式，上至达官贵人、文人墨客，下至平民百姓，莫不热衷于斗茶。苏辙《和子瞻煎茶》一诗中"君不见闽中茶品天下高，倾身事茶不知劳"说的就是当时的斗茶。宋代茶饮极具浪漫色彩（图1-10）。

4. 撮泡：饮茶的自然派

中国饮茶的方式到了明代则焕然一新，穷极工巧的"龙团凤饼"茶为条形散茶所替代，从碾磨成末冲点而饮变革为沸水直接冲泡散茶而饮，由此开创了撮泡法。明洪武二十四年（1391年），明太祖朱元璋下诏令：

图1-10　宋　刘松年　《斗茶图》

斗茶，又称"茗战"，是宋代上至宫廷、下至民间普遍盛行的一种评比茶质优劣的技艺和习俗。

"岁贡上供茶，听茶户采进……罢造龙团，惟采茶芽以进。"这里所说的茶芽，实际上就是唐宋时代已经有的草茶、散茶。贡茶按散茶制作，这在茶叶采制和品饮方法上是一次具有划时代意义的改革。

明代茶叶全面发展，各地名茶的种类繁多，散茶名茶有97种之多，遍及云南到山东的广大地区，基本上形成了主要茶叶产地和代表名茶。

明代茶叶制作技术快速发展，在制茶上普遍改用蒸青和炒青，这为芽茶和叶茶的普遍推广提供了一个极为有利的条件。明清茶叶的兴盛，还表现为多种茶类的发展。除绿茶外，明清两朝黑茶、花茶、青茶和红茶等茶类也得到了全面的发展。当今饮茶、用茶方法多种多样，其主流风格基本上延续了明清时代的特色。

明代许次纾《茶疏》记述了撮泡法。

（1）**火候** 泡茶之水要以猛火急煮。煮水应选坚木炭，切忌用木性未尽尚有余烟的，"烟气入汤，汤必无用"。

（2）**选具** 泡茶的壶杯以瓷器或紫砂为宜。茶壶主张小，"小则香气氤氲，大则易于散漫。大约及半升，是为适可。独自斟酌，愈小愈佳"。

（3）**涤荡** 泡茶所用汤铫壶杯要干燥清洁，"每日晨兴，必以沸汤荡涤"。放置茶具的桌案也必须干净无异味，"案上漆气食气，皆能败茶"。

（4）**烹点** 泡茶的次序应是：先称量茶叶，待水烧滚后，即投于壶中，随手注水入壶。先注少量水，以温润茶叶，然后再注满。第二次注水要"重投"，即高冲，以加大水的冲击力。

（5）**啜饮** 细嫩绿茶一般冲泡三次。"一壶之茶，只堪再巡。初巡鲜美，再则甘醇，三巡意欲尽矣"。

明代开始兴起散茶撮泡法，讲求择水、洗茶、候汤、选器等茶艺细节（图1-11）。清代以后，福建武夷岩茶（乌龙茶）渐兴，在壶泡茶艺的基础上发展出用小壶小杯冲泡品饮乌龙茶的工夫茶艺。袁枚《随园食单》记载："杯小如胡桃，壶小如香橼。每斟无一两，上口不忍遽咽，先嗅其香，再试其味，徐徐咀嚼而体贴之。"其中详细描述了武夷岩茶冲泡品饮的方式。清代亦盛行直接置茶入杯盏（盖碗），然后注沸水直接端接和品饮的撮泡法，并流传至今。明清时期兴起的泡茶茶艺继承了宋代点茶的清饮特点，不加佐料，主要有撮泡法、壶泡法、工夫茶艺三种形式。

图1-11　明　仇英　《东林图》

轩斋中两人对坐，树林下两童，一童炉前扇火备茶，一童持觚或准备插花。石几上置白瓷茶盏及朱漆茶托各二，另有泉罐和杓。

二、茶艺七要素

茶艺构成包括七个要素：境、客、茶、器、水、艺、鉴。

"境"指品茶的环境，包括外部环境及茶室内部环境。古代品茗，历来讲究优雅的环境，追求一种天然的情趣和文雅的氛围。雅境可以是家里，也可以是郊区野外，还可以是茶艺馆。

"客"指在品茶活动中人的品格、风采、意趣的和谐与优美。品茗时对宾客也有不同的要求。所谓"佳客"应该是品位高尚、意气相投之人，了解茶的知识也是成为佳客的条件之一。

"茶"指具有良好的外形、迷人的香气及优良的冲泡表现的茶叶。选茶是品茗的重要条件，因个人喜好而不同。好茶有客观标准，其外形、色泽都有要求，还应有清幽宜人的香气，有欣赏和回味的价值。

"器"指外形精美、质量可靠、便捷宜用、器茶和谐的茶具。"美器"应该视具体情况而定。一要看场合，二要看人数，三要看茶叶。茶具是为泡茶服务的，首先讲究实用、便利，其次才追求美观。

"水"指优质的泡茶用水、蒸水方法及用水温度。水质直接影响茶汤的质量，中国人历来讲究泡茶用水。古人提倡用山上的泉水泡茶，除此之外，还可选择清洁卫生的其他活水。与水密切相关的还有火，所谓"活水还须活火煎"。

"艺"是茶艺要素的关键，不同茶叶有不同的冲泡形式和冲泡手法。冲泡是茶艺的关键环节。茶叶不同，茶具不同，泡法也不同。但不论是何种泡法，都包括备器、煮水、备茶、温壶（杯）、置茶、冲泡、奉茶等环节。

"鉴"指茶及茶汤的色、香、味的鉴赏。茶汤在手，应从三个方面欣赏品鉴：观色、闻香、品味。茶叶品种繁多，其滋味千差万别，关于茶的品鉴我们将在后面作详尽解析。

在日常生活中，人们通过应用茶艺基本技能与技巧，开始品茗活动中朴素的生活美学实践。通过辨别并运用好茶、真水、美器，人们开阔了视野，培养了兴趣；通过学习泡茶技能，训练了手的稳定性、灵活性，以及身体的协调性；在营造品茶环境及构建茶席的过程中，培养了审美素养与审美情趣。茶艺是生活的艺术，是一般饮茶生活的提高，是人们对日常生活质量的追求。它体现在日常生活之中，来源于生活，存在于生活，是高品位的表现。茶艺也可以对生活加以概括、集中，从某种意义上说是生活艺术较高境界的表达，具有重要的美学意义。茶的清纯、质朴、芳香、含蓄等气质在茶艺过程中焕发出浓浓的艺术气息，深深影响了人们未来的生活。

第二章

名茶探索

沧桑历尽识君来

茶叶的真面目

一、茶树的奥秘

1. 茶树的基本特征

茶在植物分类学上属被子植物门，双子叶植物纲，侧膜胎座目，山茶科，山茶属。现已证实，中国是茶树的原产地，是世界茶文化的发源地。

茶树的地上生长部分因其枝性状的差异，植株分为乔木型、半乔木型和灌木型三种。乔木型茶树有明显的主干，分枝部位高，通常树高3～5米。灌木型茶树没有明显的主干，分枝较密，多近地面处，树冠矮小，通常为1.5～3米。半乔木型茶树在树高和分枝上介于灌木型茶树与乔木型茶树之间。

茶树由根、茎、叶、花、果实与种子组成。

茶树的根由主根、侧根、细根、根毛组成，为轴状根系。

茶树的茎，根据作用分为主干、主轴、骨干枝、细枝。

茶树的叶片（图2-1）是制作茶叶饮料的原料，也是茶树进行

图2-1　茶树叶片

呼吸、蒸腾和光合作用的主要器官。茶树叶片的大小、色泽、厚度和形态，因品种、季节、树龄及农业技术措施等有显著差异。叶片形状有椭圆形、长椭圆形、卵形、倒卵形、圆形等，以椭圆形和卵形居多。成熟茶树叶片的叶脉呈网状，有明显的主脉，由主脉分出侧脉，侧脉又分出细脉。侧脉与主脉呈45°左右的角度向叶缘延伸，到叶缘三分之二处呈弧形向上弯曲，并与上一侧脉联结，组成一个闭合的网状输导系统，这是茶树叶片的重要特征之一。

图2-2　茶树花

茶树花（图2-2）为两性花，多为白色，少数呈淡黄色或粉红色，稍微有些芳香。

图2-3　茶树果实

茶树的果实（图2-3）是茶树进行繁殖的主要器官，属于植物学中的蒴果类型。

2. 茶树的生长环境

茶叶的品质除了取决于茶树品种的固有特性外，在很大程度上也受环境条件、栽培技术的影响，故同一品种的茶树在不同的环境或栽培技术的影响下品质会有差异。

茶树性喜温暖、湿润，在南纬45°与北纬38°间都可以种植，最适宜的生长温度在18~25℃之间，不同品种对温度的适应性有所差别。

茶树生长在年降水量为1500毫米左右且分布均匀，早晚有雾，相对湿度较大的地区，较有利于茶芽发育及茶青品质。长期干旱或湿度过高均不适宜茶树栽培。

茶树适宜在土地疏松、土层深厚、排水和透气良好的微酸性土壤中生长，以酸碱度（pH值）在4.5~5.5为最佳。

茶作为叶用作物，极需要日光。茶树内部90%~95%的干物质是靠光合作用来合成的。日照时间长、光度强时，茶树生长迅速，发育健全，不易罹患病虫害，且叶中多酚类化合物含量增加，适于制作红茶。反之，茶叶受日光照射少，则茶质薄，不易硬化，叶色富有光泽，叶绿且质细，多酚类化合物少，适于制作绿茶。

3. 茶树的栽培

目前我国18个省（区）大量种植茶树，茶园面积庞大，树种资源丰富多样。由于异花授粉和自交亲和性极差，种子繁殖的茶树变异巨大，为新品种的选育提供了丰富的资源。茶树作为异交作物，其遗传物质极其复杂。对于优质茶树品种来说，利用有性繁殖的后代，无法保存品种原有特性。因此，目前均采用无性繁殖的方式——扦插育苗法。

扦插是剪去茶树植株的某一营养器官，如枝、叶、根的一部分，按一定方法栽培于苗床上，使其成活为茶树幼苗。扦插育苗法取材方便，成本低，成活率高，繁殖周期短，能充分保持母株的形状和特性，有利于良种的推广；育成的茶苗品种纯一，长势整齐，便于采收及管理。扦插成活率及幼苗质量受品种固有遗传性及选择枝条的强弱支配。因此，选取母树时应选择品种优良、长势健壮、无病虫害的品种，且枝条、叶芽无外力损伤。剪枝前要多施有机肥料，停止采叶，促进茶芽伸长，以利于发育成健壮枝条。

茶树种植时间在每年11月至第二年3月下旬之间，雨季前后均可种植。不同茶区种植时间稍有不同。如在南方，应以1月底为宜，2月以后白天日照强、气温高，幼苗容易枯死。在北方或高山茶区，气温较低，为配合雨季，可延至3月底种植。

种植茶苗前应先施基肥，规划好行距，最好选择下雨后或微雨、浓雾、土壤湿润时种植，尽量避免在烈日下种植。茶苗移植尽量就近起苗，带土移植，随挖随种。

茶园管理是茶叶生长过程中必不可少的工序，包括耕锄、施肥、茶树修剪等工作。茶园耕锄可清除杂草，改良土壤结构，杀虫灭菌等。茶园施肥以有机肥料为主，有机肥和化肥相结合施用；以氮肥为主，磷、钾肥料相配合；在秋末冬初结合深耕施基肥，在采摘季节施追肥。茶树修剪是培养茶树高产优质树冠的一项重要措施，合理修剪不仅能提高茶叶产量，增进茶叶品质，而且能使树冠适应机械化采茶作业，提高劳动生产率。

4. 茶叶采摘

从茶树新梢上采摘芽叶，制成各种成品茶，这是茶树栽培的最终目的。鲜叶采摘在某种程度上决定着茶叶产量和成品茶的品质。茶树分枝性强，在自然条件下一年可发新梢2~3轮，在采摘的条件下一般一年可发新梢4~8轮，个别地区可达12轮。新茶树种植后，3年即达到成熟期，可以采摘茶叶。新梢在萌发生长过程中，随着外界条件的变化，不同品种芽叶特征的变化很大，不像一般果实有明显固定的成熟标准。在新梢上采收芽叶时，采收标准因时、因地、因茶及不同条件而异。

合理采茶是实现茶叶高产优质的重要措施。由于我国茶叶种类很多，制法各异，对鲜叶的要求也各不相同，因而形成不同的采摘标准和采摘方法。

总的来说，合理采茶大体可分为以下四个方面。

（1）**标准采**

①细嫩的标准。名优茶类，品质优异，经济价值高，因此对鲜叶的嫩度和匀度均要求较高，很多只采初萌的壮芽或初展的一芽一叶。这种细嫩的采摘标准产量低、劳动力消耗大、季节性强，多在春茶前期采摘。

②适中的标准。中国的内、外销红绿茶是茶叶生产的主要茶类，其对鲜叶原料的嫩度要求适中，采一芽二、三叶和同等幼嫩的对夹叶。这是较适中的采摘标准，全年采摘次数多，采摘期长，量质兼顾，经济收益较高。

③偏老的标准。中国传统的特种茶类的采摘标准（如乌龙茶的采摘标准），是待新梢发育即将成熟，顶芽开展度八成左右时，采下带驻芽的三四片嫩叶。这种偏老的采摘标准，全年采摘批次不多，产量中等，产值较高。

④粗老的标准。黑茶、砖茶等边销茶类对鲜叶的嫩度要求较低，待新梢充分成熟后，新梢基部呈红棕色已木质化时，才刈下新梢基部一、二叶以上的全部新梢。这种较粗老的采摘标准，全年只能采一两批，产量虽较高，但产值较低。

（2）**适时采**

根据新梢芽叶生长情况和采摘标准，及时、分批地把芽叶采摘下来。

（3）**分批多次采**

分批多次采是贯彻合理及时采的具体措施，是提高茶叶品质和产量的重要一环。根据茶树茶芽发育不一致的特点，先达到标准的先采，未达到标准的待茶芽生长达到标准时再采，这样对提高鲜叶产量和茶树生长都是有利的。

（4）留叶采

既要采也要留，留叶是为了多采，采叶必须考虑留叶。实行留叶采可使茶树生长健壮，不断扩大采摘面是稳定并提高产量和质量的有效措施。

茶叶采摘方法有手工采和机采两种，目前我国还是以手工采为主。手工采的手法对茶树的生长和成品茶的品质影响很大。手工采主要有掐采（即折采）、直采、双手采三种采法。

鲜叶自茶树上采下后，内部即开始发生理化变化。为了使鲜叶保持新鲜，不引起劣变，必须合理而及时地将鲜叶按级分别盛装，运送到茶叶加工厂。在装运时，鲜叶不能装压过紧，以免叶温升高导致劣变，因此不能用不通风的布袋或塑料袋盛装，要用竹篾编制的有小孔通气的竹箩盛装，将鲜叶松散地装入竹箩内，不能紧压。同时装运工具要保持清洁，不能有异味，并应尽量缩短运送时间，做到采下鲜叶随装随运。鲜叶运送到茶叶加工厂后要及时验收，分级摊放。摊放鲜叶的场所应阴凉、清洁、空气流通。

二、茶叶的种类及制作工艺特点

1. 茶叶的种类

中国茶依据制法和特点，分为绿茶、白茶、黄茶、青茶（乌龙茶）、红茶、黑茶六大基本茶类及再加工茶类。六大茶类的划分是基于茶鲜叶的加工工艺的不同。茶叶中的茶多酚等化学物质在多种多样的加工工艺中发生不同程度的氧化，产生了汤色、滋味、香气、叶底等特征的变化，从而使成品茶叶分成有明显差异的六个大类，如图2-4～图2-9所示。

图2-4　绿茶

图2-5　白茶

图2-6　黄茶

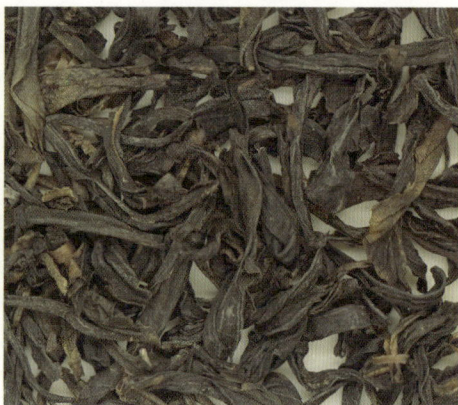

图2-7　青茶

图2-8　红茶

图2-9　黑茶

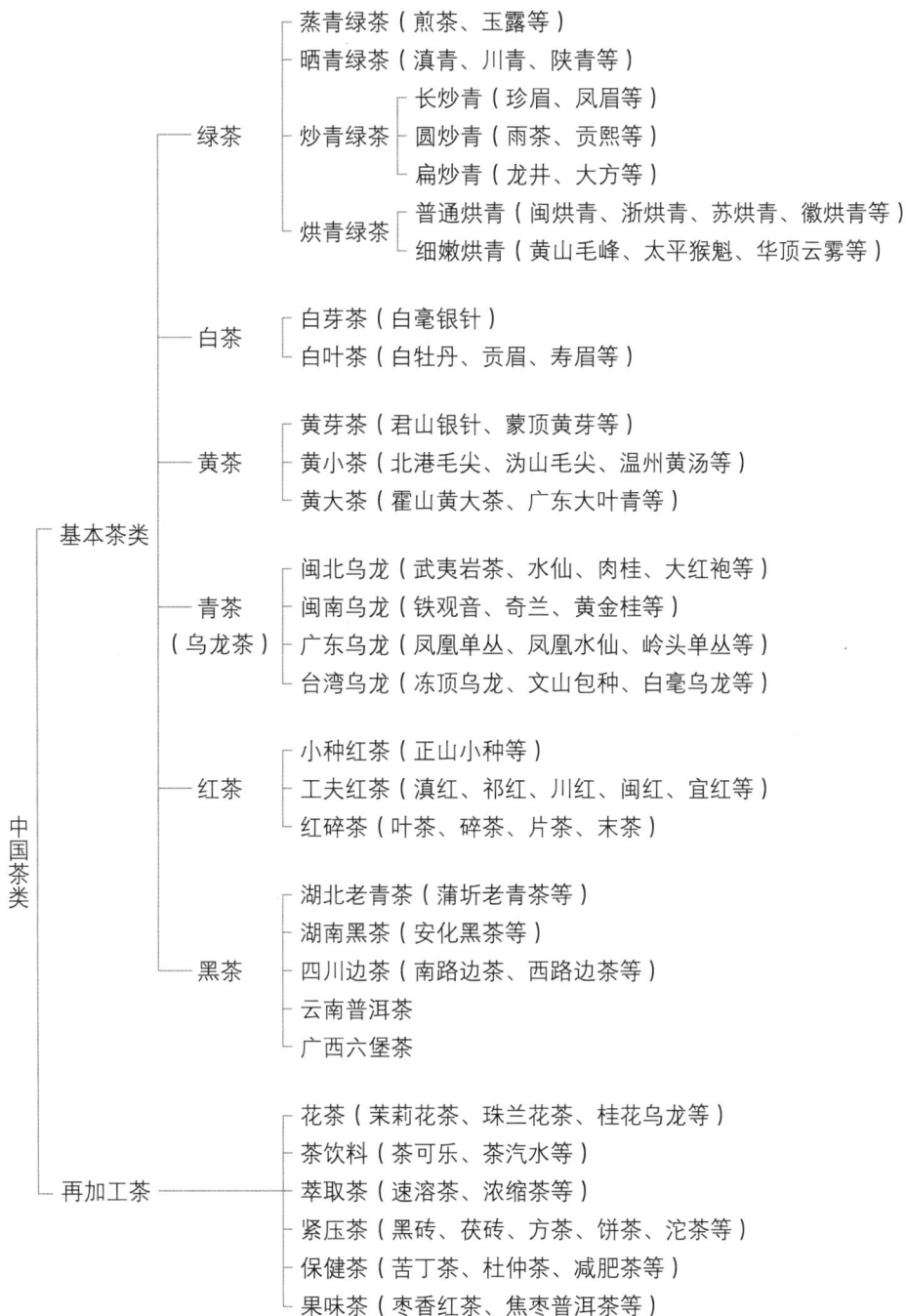

蒸青绿茶（煎茶、玉露等）
晒青绿茶（滇青、川青、陕青等）
　　　　　　长炒青（珍眉、凤眉等）
炒青绿茶 圆炒青（雨茶、贡熙等）
　　　　　　扁炒青（龙井、大方等）
绿茶
　　　　　　普通烘青（闽烘青、浙烘青、苏烘青、徽烘青等）
烘青绿茶 细嫩烘青（黄山毛峰、太平猴魁、华顶云雾等）

白芽茶（白毫银针）
白茶
白叶茶（白牡丹、贡眉、寿眉等）

黄芽茶（君山银针、蒙顶黄芽等）
黄茶 黄小茶（北港毛尖、沩山毛尖、温州黄汤等）
黄大茶（霍山黄大茶、广东大叶青等）

基本茶类

闽北乌龙（武夷岩茶、水仙、肉桂、大红袍等）
青茶 闽南乌龙（铁观音、奇兰、黄金桂等）
（乌龙茶）广东乌龙（凤凰单丛、凤凰水仙、岭头单丛等）
台湾乌龙（冻顶乌龙、文山包种、白毫乌龙等）

中国茶类

小种红茶（正山小种等）
红茶 工夫红茶（滇红、祁红、川红、闽红、宜红等）
红碎茶（叶茶、碎茶、片茶、末茶）

湖北老青茶（蒲圻老青茶等）
湖南黑茶（安化黑茶等）
黑茶 四川边茶（南路边茶、西路边茶等）
云南普洱茶
广西六堡茶

花茶（茉莉花茶、珠兰花茶、桂花乌龙等）
茶饮料（茶可乐、茶汽水等）
再加工茶 萃取茶（速溶茶、浓缩茶等）
紧压茶（黑砖、茯砖、方茶、饼茶、沱茶等）
保健茶（苦丁茶、杜仲茶、减肥茶等）
果味茶（枣香红茶、焦枣普洱茶等）

2. 黑茶的制作工艺与特点

黑茶属"后发酵茶"，是中国特有的茶类。其生产历史悠久，产于云南、湖南、湖北、四川和广西等地。主要品种有云南普洱茶、湖南黑茶、湖北老青茶、四川边茶、广西六堡茶等，其中云南普洱茶古今中外久负盛名（图2-10、图2-11）。

图2-10 云南西双版纳贺开古茶树

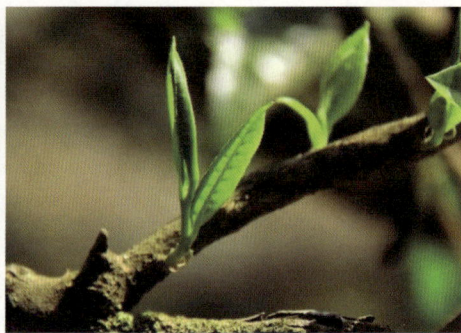

图2-11 古茶树茶芽

黑茶品质特点：外形叶粗，梗多，干茶呈褐色，汤色棕红，香气纯正，滋味醇和，醇厚回甘，陈香馥郁，有降血脂、减肥、抑菌、暖胃、醒酒、助消化等功效。

基本制作工艺：鲜叶→杀青→揉捻→渥堆→干燥。

渥堆是决定黑茶品质的关键工序，渥堆的时间长短、程度轻重会使成品茶的品质风格有明显的差别。

具体步骤包括：采茶、摊青、杀青、晒青、检验、筛分、拣剔、蒸压、成型（生茶）、发酵（熟茶）、渥堆（熟茶）、包装、成品，如图2-12~图2-24所示。

图2-12　采茶

图2-13　摊青

图2-14　杀青

图2-15　晒青

图2-16　检验

图2-17　筛分

图2-18　拣剔

图2-19　蒸压

图2-20 成型（生茶）

图2-21 发酵（熟茶）

图2-22 渥堆（熟茶）

图2-23 包装

图2-24 成品

3. 绿茶的制作工艺与特点

绿茶属"不发酵茶",制作过程不经发酵,干茶、汤色、叶底均为绿色,是历史上最早出现的茶类(图2-25)。绿茶按其制作工艺中杀青和干燥方式的不同,分为蒸青绿茶、炒青绿茶、烘青绿茶、晒青绿茶。

(1)**蒸青绿茶** 用蒸汽杀青制作而成的绿茶称为蒸青绿茶,是我国古代最早发明的一种茶类,是唐、宋时盛行的制法,如玉露、煎茶等。其特点是:三绿(干茶绿、汤色绿、叶底绿),香清味醇。

图2-25 **绿茶鲜叶**

(2)**炒青绿茶** 炒青绿茶产生于明代,因干燥方式为炒干而得名。按外形特点可分为长炒青、圆炒青、扁炒青三类。代表性的名茶有西湖龙井、信阳毛尖等。

(3)**烘青绿茶** 烘青绿茶主产于安徽、福建、浙江三省。高档烘青直接饮用,其他大部分用来窨制花茶。其特点是:外形完整、稍弯曲、锋苗显,干茶墨绿,香清味醇,汤色、叶底黄绿明亮。代表性的名茶有黄山毛峰、六安瓜片等。

(4)**晒青绿茶** 晒青绿茶主产于四川、云南、广西、湖北和陕西,是压制紧压茶的原料,最后一道工序是晒干。代表性的名茶有滇青绿茶等。

绿茶品质特点:清汤绿叶,汤色清澈明亮,呈淡黄微绿色;滋味讲究高醇;绿茶以春茶最好,夏茶最差。

基本制作工艺:鲜叶→杀青→揉捻→干燥。

杀青的目的在于蒸发叶中水分，散发青臭味，产生茶香，并破坏酶的活性，抑制多酚类的酶促氧化，保持绿茶绿色特征。杀青要求做到杀匀杀透，老而不焦，嫩而不生。其方法有锅式杀青、滚筒机杀青、蒸汽杀青三种。

揉捻的目的在于使芽叶卷紧成条，适当破损组织使茶汁流出，便于冲泡。其方法有手工揉捻和机器揉捻。揉捻原则为嫩叶冷揉，中档叶温揉，老叶热揉。

4. 红茶的制作工艺与特点

红茶是基本茶类之一，属"全发酵茶"。在200多年前，福建最早开始生产，之后其他各省陆续仿效。红茶有工夫红茶、小种红茶和红碎茶三个类别。

（1）**工夫红茶**　工夫红茶是中国传统的出口茶类，加工精细，成品分为正茶与副茶。正茶以产地命名，分列级别，如祁红工夫、闽红工夫、滇红工夫、川红工夫、浮红工夫、越红工夫等。副茶包括碎茶、片茶和末茶。

（2）**小种红茶**　小种红茶是福建省的特产，叶形较工夫红茶粗大、松散，具有特殊的松烟香，产于福建武夷山市星村镇桐木关的称"正山小种"。福建其他地区将粗大的工夫红茶用松木烟熏，称"烟熏小种"。

（3）**红碎茶**　红碎茶是国际茶叶市场的大宗茶品。鲜叶经过萎凋后，用机器揉切成颗粒形碎茶，然后经发酵、烘干而制成。精制加工后，又可分为叶茶、碎茶、片茶和末茶四种。其特点是冲泡时茶汁浸出快，浸出量大，滋味浓强。我国于1956年开始试制红碎茶，主产于四川、云南、广东、广西、海南、湖南、湖北等省（区），以云南、广东、广西、海南用大叶种为原料加工的红碎茶品质最好。红碎茶与普通红茶的碎末不可混为一谈。红碎茶要求茶汤味浓、强、鲜、香，富有刺激性。各种红碎茶因叶形和茶树品种的不同，品质有较大的差异。红碎茶按制法主要分为以下四种。

①传统红碎茶。是指按最早制造红碎茶的方法，即茶叶经萎凋后，采用平揉、平切的方法，再经发酵、干燥制成的红碎茶。其有叶茶、碎茶、片茶和末茶四个品种。

传统红碎茶的品质特点是：颗粒紧结重实，色泽乌黑油润。冲泡后，香气、滋味浓郁，汤色红浓，叶底红匀。

②洛托凡红碎茶。又称转子红碎茶，这种红碎茶是采用转子机揉切而成的。其也分为叶茶、碎茶、片茶和末茶四个品种。

洛托凡红碎茶的品质特点是：条索紧卷呈颗粒状，色泽乌润或棕黑油润。冲泡后，香气浓，有较强的刺激性，汤色浓亮，叶底红亮。

③C.T.C红碎茶。这种红碎茶是采用C.T.C切茶机切碎而成的，采用此法生产的红碎茶无叶茶花色。

C.T.C红碎茶的品质特点是：紧实呈粒状，色泽棕黑油润。冲泡后，香气浓郁，滋味鲜爽，汤色红艳，叶底红匀。

④L.T.P红碎茶。是指用劳瑞式锤击机切碎而成的红碎茶，采用此法生产的红碎茶也没有叶茶花色。

L.T.P红碎茶的品质特点是：颗粒紧实匀齐，色泽棕红。冲泡后，香气、滋味鲜爽，汤色红亮，叶底红艳、细匀。

我国红茶的主要品种有祁红、滇红、闽红、川红、宜红、宁红、台湾日月潭红茶等，在世界茶叶市场上占有重要地位。

红茶品质特点：红汤红叶，汤色红艳明亮，香气浓郁带甜，滋味浓郁鲜爽。

基本制作工艺：鲜叶→萎凋→揉捻→发酵→干燥。

萎凋是鲜叶逐渐适度失水和内含物转化的过程，目的是为揉捻（切）和发酵做好准备。水分控制的原则为春茶、嫩叶和大叶种略低，夏茶、老叶和中小叶种稍高。方法有自然萎凋、日光萎凋、萎凋槽和萎凋机萎凋。

发酵是揉捻（切）叶在一定的温度、湿度和供氧条件下，以多酚类为主体的生化成分发生一系列化学变化的过程。小种红茶、工夫红茶在发酵筐中完成，红碎茶在发酵车或发酵机中进行。

5. 青茶的制作工艺与特点

乌龙茶属"半发酵茶"，主要产于福建、广东、台湾。中国乌龙茶有闽北乌龙、闽南乌龙、广东乌龙和台湾乌龙之分（图2-26）。

（1）**闽北乌龙** 著名的有产自武夷山的武夷岩茶中的"四大名丛"——白鸡冠、大红袍、铁罗汉、水金龟。此外还有肉桂、水仙等品种。

（2）**闽南乌龙** 闽南是乌龙茶的发源地，铁观音、黄金桂、佛手、毛蟹等产于这一带。

（3）**广东乌龙** 主要产于广东潮州地区，著名的有凤凰单丛、凤凰水仙。

图2-26 福建闽北建瓯茶园

（4）**台湾乌龙**　品种较多，有发酵程度最轻的文山包种和南港包种，发酵程度中度偏轻的冻顶乌龙和金萱乌龙，以及发酵程度最重的白毫乌龙。

乌龙茶品质特点：色泽青褐，汤色黄亮，滋味醇厚，具有浓郁的花香；叶底边缘呈红褐色，中间部分呈淡绿色，形成特有的"绿叶红镶边"。

基本制作工艺：鲜叶→萎凋→做青→杀青→揉捻→包揉→干燥。

做青在滚筒式摇青机中进行，目的是使叶子边缘互相摩擦，使叶组织破裂，促进茶多酚氧化，形成乌龙茶特有的"绿叶红镶边"；同时蒸发水分，加速内含物生化变化，提高茶香。

干燥的目的是终止酶促氧化，散失水分，散发青草气，提高香气。

6. 黄茶的制作工艺与特点

黄茶属"轻发酵茶"，主产于浙江、四川、安徽、湖南、广东、湖北等省。黄茶依原料芽叶的嫩度和大小可分为黄大茶、黄小茶和黄芽茶。

（1）**黄大茶**　黄大茶是以一芽二叶至一芽五叶为原料制成的黄茶，主要品种有霍山黄大茶和广东大叶青。

（2）**黄小茶**　黄小茶是以一芽二、三叶的细嫩芽叶为原料制成的黄茶，主要品种有北港毛尖、沩山毛尖和平阳黄汤等。

（3）**黄芽茶**　黄芽茶是以单芽或一芽一叶初展鲜叶为原料制成的黄茶，主要品种有君山银针、蒙顶黄芽和霍山黄芽（图2-27）等。

黄茶品质特点：黄叶、黄汤、黄叶底，滋味浓醇清爽。

基本制作工艺：鲜叶→

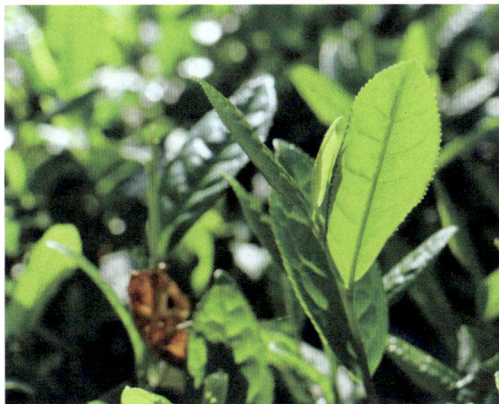

图2-27　安徽霍山黄芽茶树

杀青→揉捻→焖黄→干燥。

焖黄是黄茶加工的特点，是形成黄茶"黄汤黄叶"品质的关键工序。焖黄工艺分为湿坯焖黄和干坯焖黄。

7. 白茶的制作工艺与特点

白茶是一种表面满披白色茸毛的轻微发酵茶，产于福建省的福鼎、政和、松溪和建阳等地。白茶因采制原料不同，分为白毫银针、白牡丹、寿眉、贡眉等。

白茶品质特点：茶芽完整，形态自然，白毫不脱，清淡回甘，香气清鲜，毫香显露。主要品尝毫香气。

基本制作工艺：鲜叶→萎凋→晒干和烘干。

具体步骤包括：茶青采摘、茶青摊凉、茶青摊晒、日光萎凋、晒干、成品、茶窖存放，如图2-28～图2-34所示。

图2-28　茶青采摘

图2-29　茶青摊凉

图2-30　茶青摊晒

图2-31　日光萎凋

图2-32 晒干

图2-33 成品

图2-34 茶窖存放

8. 再加工茶的工艺特点

以基本茶类做原料进行再加工以后制成的产品称为再加工茶,主要包括花茶、紧压茶、保健茶、萃取茶、果味茶、含茶饮料等,此处主要介绍前三种。

（1）花茶 花茶是用茶叶和香花进行拼和窨制,使茶叶吸收花香而制成的香茶。花茶也称窨花茶、香花茶、香片。有的花茶依窨制的花类而命名,如茉莉花茶、珠兰花茶、玉兰花茶、柚子花茶、玳玳花茶和玫瑰花茶等;有的花茶把花名和茶名连在一起,如珠兰大方、茉莉烘青等;还有的以花名前加上窨花次数为名,如双窨茉莉花茶等。

花茶的窨制是将鲜花与茶叶拌和,在静置状态下,使茶叶缓慢吸收花香,然后除去花朵,将茶叶烘干成花茶。花茶加工是利用鲜花吐香和茶叶吸香两个特性，使茶味与花香交融，这是花茶窨制工艺的基本原理。由于鲜花吐香和茶叶吸香是缓慢进行的，所以花茶窨制过程的时间较长。花茶窨制工艺分为茶坯处理、鲜花维护、拌和窨制、通花散热、收堆续窨、起花、复火、转窨或提花等工序。

茶坯的干燥程度是影响吸收花香多少的主要因素，因此，在窨花前若茶叶含水量超过7%，一般要先进行复火干燥，使茶叶含水量降到4%左右。复火后的茶坯需要摊凉冷却，待叶温下降到略高于室温时方可窨花。

各类鲜花在采收、运输过程中，为了防止鲜花凋萎、失香和变质，必须做到鲜花不损伤、不发热。进厂后要在阴凉洁净的地方及时摊凉和处理，这个过程既要保持一定的温度、湿度以促进花朵开放吐香，又不能使温度过高，致使鲜花"热死"而失去新鲜度和香气。

拌和前首先要确定配花量，即每100千克茶坯用多少千克鲜花。配花量依据香花特性、茶坯级别以及市场的需要而定，一般100千克茶坯用100千克茉莉鲜花，分次窨花，每次用花量不超过40千克。

茶、花拌和要求混合均匀，动作要轻且快。茶叶吸收花香靠接触吸收，茶与花之间接触面越大、距离越近，对茶坯吸收花香越有利。

窨花拼合后，由于鲜花的呼吸作用产生热量，堆温会上升，如不及时通花散热，不仅会使鲜花色变，还会使茶坯色、香、味受损，所吸收的花香也不鲜爽浓纯。因此，掌握通花时间是提高花茶品质的关键之一。要根据鲜花萎蔫状态及堆窨上升温度及时散堆薄摊，翻动散热，让茶坯温度下降。

待茶坯温度下降到略高于室温时，即可收堆续窨。收堆温度应适度：过高则散热不透，易引起茶香气不醇爽；过低则不利于茶坯对花香的吸收。收堆的温度应略低于通花前的温度。

通花后续窨，堆温又继续上升，鲜花呈现萎缩枯黄，且嗅不到鲜香，需适时起花。用抖筛机将茶坯和花渣分离，起花后的茶坯需均匀薄摊散热并及时复火干燥。

起花后的茶坯水分含量一般可达12%~16%，采用100~110℃薄摊快速干燥方法进行复火干燥。但复火干燥与保持花香之间会产生矛盾，复火中温度越高，花香损失就越大。为了减少花香损失，技术上要注意高温、快速、安全。对多窨次茶坯复火，温度掌握要逐窨降低。烘干后的茶叶含水量约为8.5%。

高级茶需经多次窨花，复火后应转窨复制。提花的目的在于提高花茶香气的鲜灵度。要选用朵大、洁白、质量好的鲜花，且花要充分开放。提花过程中不进行通花，提花时间较窨花短，起花后不复火。经起花产品检验合格，即可匀堆装箱打包出厂。

现在花茶的种类很多，有茉莉花茶、白兰花茶、玫瑰花茶、玳玳花茶、珠兰花茶、柚子花茶、桂花茶、栀子花茶、米兰花茶、枣香花茶等。

品饮花茶主要品香气的鲜灵度、浓郁度、纯度。

（2）紧压茶 各种散茶经加工蒸压成一定形状而制成的茶叶称为紧压茶。紧压茶分为绿茶紧压茶、红茶紧压茶、乌龙紧压茶、黑茶紧压茶。

紧压茶工艺以普洱沱茶为例，茶叶毛茶原料经筛分、风选、拣剔、拼堆加工成半成品，然后进行称重、装模、增压、定型、干燥，形成圆沱形成品后包装完成（图2-35）。

（3）保健茶 保健茶能调节人体机能，适用于特殊人群，是不以治

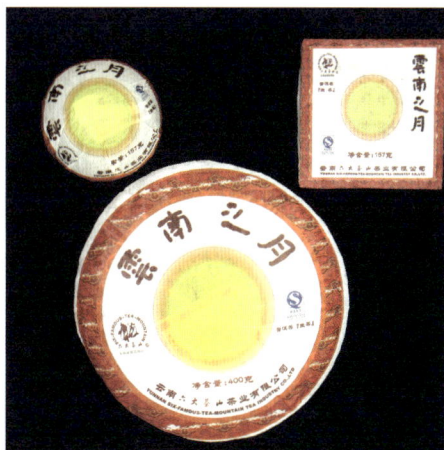

图2-35 普洱茶的砖、饼、沱三种紧压茶工艺

疗疾病为目的的保健食品。保健茶加工工艺，以北方创新名茶枣香红茶为例。茶叶原料选用优质滇红茶与河北阜平大枣枣片拼配，采用科学配方和特殊工艺技术，使得红茶充分与枣片融合，从而产生浓醇甘甜的口感。同时具有养心养胃、益阳补血、美容养颜、疏肝健脾等营养保健效果。

三、中国现代茶区分布

中国茶区划分为三个级别：一级茶区，系全国性划分，用以宏观指导；二级茶区，系由各产茶省（区）划分，进行省（区）内生产指导；三级茶区，系由各地县划分，具体指挥茶叶生产。目前，国家一级茶区有四个，即华南茶区、西南茶区、江南茶区、江北茶区。

1. 华南茶区

这是茶树最适宜生态区，亦是中国最南部的茶区。此茶区位于福建大樟溪、雁石溪，广东梅江、连江，广西浔江、红水河，云南南盘江、哀牢山、无量山、高黎贡山南端一线。辖福建东南部，广东东南部，广西南部，云南中、南部，以及海南和台湾全省。此茶区主产茶类有红茶、绿茶、乌龙茶和普洱茶等，著名茶叶品种有滇红、英红、凌云白毫、凤凰单丛、铁观音、黄金桂、冻顶乌龙、六堡茶等。

2. 西南茶区

这是最古老的茶区，也是茶树适宜生态区。此茶区位于四川米仓山、大巴山以南，云南红水河、南盘江、盈江以北，湖北神农架、巫山、武陵山以西，大渡河以东，包括贵州、四川、重庆、云南中北部及西藏东南部。主产茶类：绿茶有都匀毛尖、遵义毛峰、蒙顶甘露、竹叶青、峨眉毛峰等；红茶有川红工夫、滇红；黄茶有蒙顶黄芽；黑茶有下关沱茶、康砖、普洱茶等。

3. 江南茶区

这是分布最广的茶区，亦是茶树适宜生态区。此茶区北起长江，东临东海，西达云贵高原，包括广东、广西、福建北部，湖北、安徽、江苏南部，浙江、江西、湖南全省。茶园面积约占全国的45%，产量占54%左右，囊括了红茶、绿茶、乌龙茶、白茶、黄茶、黑茶所有茶类。其中历史悠久、声誉较大的品种有：两广的乐昌白毛尖、仁化银毫、桂平西山茶、桂林毛尖；福建的闽红工夫、武夷水仙、白毫银针和白牡丹（白茶）；湖北的恩施玉露、宜红工夫、青砖茶；湖南的安化松针、古丈毛尖、君山银针（黄茶）、黑砖茶；江西的庐山云雾、婺绿；安徽的黄山毛峰、太平猴魁、祁门红茶；浙江的西湖龙井、鸠坑毛尖、顾渚紫笋；江苏的碧螺春、阳羡茶等。近几年茶类结构调整后，名优绿茶和乌龙茶是主产茶类。

4. 江北茶区

这是中国最北部的茶区，是茶树次适宜生态区。此茶区位于长江以北，大巴山以东至沿海，辖江苏、安徽、湖北北部，河南、陕西、甘肃南部，山东东南部以及河北太行山中南部东麓。此茶区除了生产少量黄茶与红茶外，几乎全是绿茶。著名的有六安瓜片、舒城兰花、信阳毛尖、太白银毫、紫阳毛尖、汉中仙毫等。

第二节

名茶赏析

　　随着制茶技术的不断提高，中国名优茶的品种越来越多。本节主要介绍目前市场上常见的，在全国被普遍认可的部分名茶品种。主要包括西湖龙井、洞庭碧螺春、黄山毛峰、云南滇红、普洱茶、武夷岩茶等。

一、西湖龙井

　　西湖龙井产于浙江杭州西湖龙井村，属于传统名茶。唐宋时期，西湖群山所产之茶已享有名气。到了清代，康熙皇帝在杭州创设行宫，把龙井茶列为贡茶。西湖龙井集中产地为狮峰山、梅家坞等，生态条件得天独厚，茶树品种优良。西湖龙井素以"色绿、香郁、味甘、形美"四绝而著称。龙井茶的采制技术相当考究，综合了诸多因素，成为茶叶之珍品。

1. 品质特征（图2-36）

形状：扁平挺直，光滑匀整。　　　香气：幽雅清高，有"兰花豆"香。

色泽：翠绿偏黄，呈糙米色。　　　滋味：甘鲜醇和。

汤色：嫩绿明亮。　　　　　　　　叶底：嫩绿、匀齐成朵。

（a）干茶　　　　　　（b）茶汤　　　　　　（c）叶底

图2-36　西湖龙井的品质特征

2. 品质鉴别

西湖产区的龙井基本是传统手工炒制，而外地产区的龙井多是机器炒制，茶叶扁平，梭形，颜色翠绿，比西湖龙井看起来更漂亮。

真品条形整齐，宽度一致，条索扁平，叶细嫩，手感光滑，色泽为糙米色，闻起来有清香味；假冒品夹蒂较多，手感不光滑，色泽为通体碧绿，就算是绿中带黄，也是黄焦焦的感觉，且多含青草味。

二、黄山毛峰

明代许次纾在《茶疏》中称"天下名山，必产灵草，江南地暖，故独宜茶"。又据《徽州府志》记载："黄山产茶始于宋之嘉祐，兴于明之隆庆。"由此可知，黄山产茶历史悠久，黄山茶在明朝中叶就很有名了。黄山毛峰是中国极品名茶之一，产于安徽黄山地区。黄山毛峰采摘细嫩的芽叶，特级、一级毛峰采摘标准为一芽一叶初展。鲜叶采回来后，先进行拣剔，剔除病叶、梗、茶果以及不符合标准要求的叶片，以保证芽叶质量均匀；然后将不同嫩度的鲜叶分别摊放，散失部分水分。为了保质保鲜，要求上午采，下午制；下午采，当夜制。

1. 品质特征（图2-37）

形状：细扁稍卷，形似雀舌，披银毫。 香气：清香馥郁。

色泽：绿中泛黄，且带有金黄色鱼叶。 滋味：鲜醇爽口。

汤色：清碧微黄、清澈明亮、呈杏黄色。 叶底：嫩黄成朵。

2. 品质鉴别

特级黄山毛峰外形似雀舌，匀齐壮实，峰显毫露，色如象牙，芽叶金黄。冲泡后，香气清香高长，汤色清澈，滋味鲜浓醇厚而甘甜，叶底嫩黄，肥壮成朵，可用"香高、味醇、汤清、色润"来形容。其中"金黄片"和"象牙色"是特级黄山毛峰与其他毛峰不同的两大明显特征。

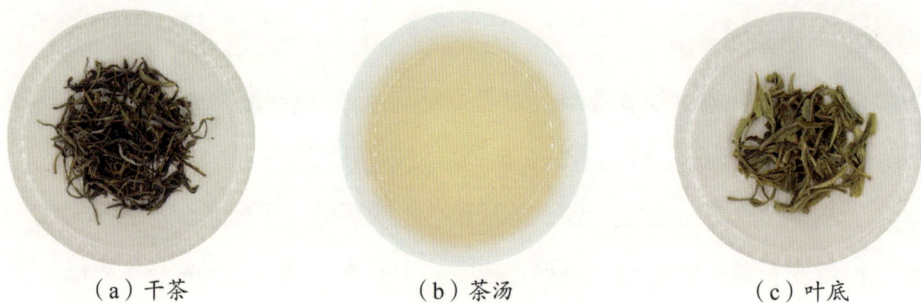

（a）干茶   （b）茶汤   （c）叶底

图2-37　黄山毛峰的品质特征

三、碧螺春

碧螺春产于江苏苏州太湖的洞庭山。碧螺春为历史名茶，采摘特点为采得早、采得嫩、拣得净，以"形美、色艳、香浓、味醇"四绝闻名中外。

1. 品质特征（图2-38）

形状：条索纤细，卷曲似螺。　　香气：浓郁，有花果香。

色泽：银绿隐翠，满披白毫。　　滋味：鲜醇甘厚。

汤色：嫩绿清澈。　　　　　　　叶底：嫩绿明亮。

（a）干茶   （b）茶汤   （c）叶底

图2-38　碧螺春的品质特征

2. 品质鉴别

真茶银芽显露，一芽一叶，茶叶总长度约为1.5厘米，芽为白毫卷曲形，叶为卷曲青绿色，叶底嫩绿柔匀；假茶多为一芽二叶，芽叶长短不齐，呈枯黄色。

高档茶香气浓烈芬芳，带花香果味；低档茶香气芬芳，不带花果香。

高档茶汤色嫩绿鲜艳，中档茶汤色绿艳或绿翠鲜艳，低档茶汤色绿翠。

四、太平猴魁

太平猴魁产于安徽省黄山市、黄山区。太平猴魁为尖茶之极品，久享盛名。1912年在南京南洋劝业会和农商部展出，荣获优等奖。1915年又在美国举办的巴拿马万国博览会上荣获一等金质奖章和奖状。从此，太平猴魁蜚声中外。

1. 品质特征（图2-39）

形状：二叶抱芽，自然舒展，扁平挺直。 香气：高爽，有兰花香。

色泽：苍绿匀润，白毫隐伏。 滋味：醇厚回甘。

汤色：黄绿明澈。 叶底：嫩绿匀亮，芽叶成朵肥壮。

（a）干茶 （b）茶汤 （c）叶底

图2-39 **太平猴魁的品质特征**

2. 品质鉴别

（1）**看外形** 太平猴魁外形为两叶抱一芽，俗称"两刀一枪"，自然舒展，有"猴魁两头尖，不散不翘不卷边"之称。全身披白毫，含而不露。

（2）**辨叶色** 太平猴魁叶色苍绿匀润，叶脉绿中隐红，俗称"红丝线"。

（3）**鉴内质**　太平猴魁冲泡后香气高爽，含有诱人的兰花香，醇厚爽口，有独特的"猴韵"；茶汤清绿，芽叶成朵肥壮。

五、六安瓜片

六安瓜片产于安徽省六安、金寨两县。六安茶是唐代以来就为人所知的名茶之一，六安瓜片问世于1905年前后。六安瓜片的采制技术与其他名茶不同，采摘标准以对夹叶和一芽二、三叶为主，鲜叶采回后及时扳片，将嫩叶、老叶分离出来炒制瓜片，芽、茎梗等作副产品处理。

1. 品质特征（图2-40）

形状：单片，不带芽和茎梗，叶边背卷顺直。　香气：清香持久。

色泽：宝绿色，富有白霜。　　　　　　　　滋味：香醇，有回甘。

汤色：碧绿，清澈明亮。　　　　　　　　　叶底：黄绿明亮，柔软。

（a）干茶　　　　　　　　（b）茶汤　　　　　　　　（c）叶底

图2-40　六安瓜片的品质特征

2. 品质鉴别

六安瓜片茶叶单片不带梗芽，叶缘向背面翻卷，色泽宝绿，起润有霜（是否有挂霜是鉴别六安瓜片的标准之一），汤色澄明绿亮，香气清高、回味悠长，叶质浓厚耐泡。好的瓜片有兰花香，第一泡有熟板栗香气。

六、信阳毛尖

信阳毛尖产于河南省信阳地区。信阳产茶已有约3000年的历史，茶园主要分布在车云山、集云山等群山的峡谷之间。这里地势高峻，群峦叠翠，溪流纵横，云遮雾绕，为制作风格独特的茶叶提供了天然条件。

1. 品质特征（图2-41）

形状：条索细秀匀直。　　香气：清香高长。

色泽：翠绿或绿润。　　滋味：鲜香浓爽。

汤色：黄绿明亮。　　叶底：细嫩匀整。

（a）干茶　　（b）茶汤　　（c）叶底

图2-41 信阳毛尖的品质特征

2. 品质鉴别

特级信阳毛尖外形细秀匀直，显锋苗，白毫遍布；色泽翠绿，汤色嫩绿鲜亮；香气鲜嫩高爽；滋味鲜爽；叶底嫩绿明亮，细嫩匀齐。

一级信阳毛尖外形细、圆、光、直，有锋苗，白毫显露；色泽翠绿，汤色翠绿鲜亮；香气清香高长，略带熟板栗香；滋味鲜浓；叶底鲜绿明亮，细嫩匀整。

二级信阳毛尖外形细圆紧直，芽毫稍露；色泽绿润；汤色翠绿明亮；香气清香，有熟板栗香；滋味浓厚回甘；叶底鲜绿匀整。

七、庐山云雾

庐山云雾产于江西省庐山海拔800米以上的汉阳峰、花径、小天池和青莲寺等地。庐山种茶历史悠久，早在汉朝就种植茶树，唐朝时庐山茶已很著名，明朝时庐山云雾茶名称出现在《庐山志》中。

1. 品质特征（图2-42）

形状：紧结重实，饱满秀丽。　　香气：鲜爽持久，带豆花香。

色泽：翠绿光润，白毫多显。　　滋味：醇厚而含甘。

汤色：黄绿明亮。　　　　　　　叶底：嫩绿匀齐。

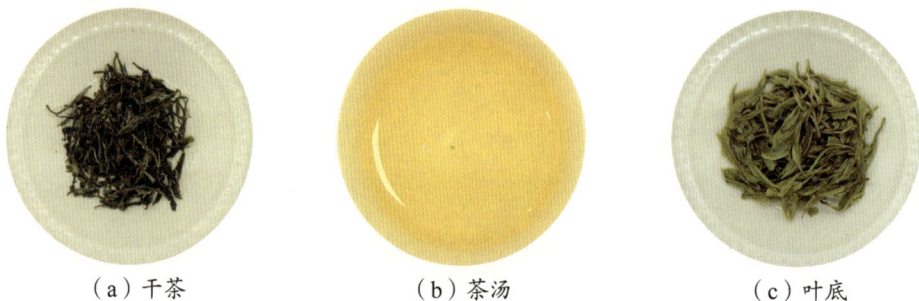

（a）干茶　　　　　　　　（b）茶汤　　　　　　　　（c）叶底

图2-42　庐山云雾的品质特征

2. 品质鉴别

高档庐山云雾茶外形饱满成朵，形似兰花，带兰花香，口感极好。

纯自然环境下产出的庐山云雾茶不施任何农药、肥料，具备"味醇、色秀、香馨、液清"的特点。

庐山云雾茶冲泡后，香气芬芳高长、鲜锐，茶汤绿而明亮，叶底嫩绿微黄、匀齐。

八、蒙顶甘露

蒙顶甘露主要产地是四川省雅安市名山区蒙顶山一带。"扬子江中水，蒙顶山上茶"，蒙顶茶由于品质特殊，为历代文人所称颂，从唐朝开始作为贡茶，一直沿袭到清朝，这在中国茶叶史上是罕见的。蒙顶茶是四川蒙顶山各类名茶的总称，如蒙顶云雾茶就有蒙顶甘露、蒙顶石花、万春银叶、玉叶长春四个品种。

1. 品质特征（图2-43）

形状：卷曲紧秀，茸毫遍布。　　　香气：嫩香馥郁。

色泽：嫩绿油润或银绿泛黄。　　　滋味：鲜嫩爽口。

汤色：浅黄鲜亮。　　　　　　　　叶底：嫩黄匀亮。

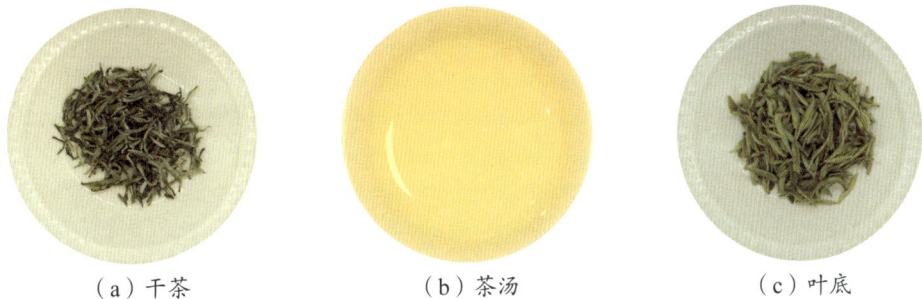

（a）干茶　　　　　　　（b）茶汤　　　　　　　（c）叶底

图2-43　**蒙顶甘露的品质特征**

2. 品质鉴别

从外形上看，蒙顶甘露茶紧卷多毫，干茶色泽嫩绿油润或银绿泛黄，冲泡后内质香气馥郁芬芳，汤色碧清微黄、清澈明亮。

九、都匀毛尖

都匀毛尖产于贵州省都匀市。《都匀县志稿》记载："自清明节至立秋并可采，谷雨前采者曰雨前茶，最佳，细者曰毛尖茶。"

1. 品质特征（图2-44）

形状：匀整显毫，纤细卷曲。　　香气：清香。

色泽：翠绿。　　　　　　　　　滋味：鲜浓，回味甘甜。

汤色：黄绿明亮。　　　　　　　叶底：明亮肥壮。

（a）干茶　　　　　　（b）茶汤　　　　　　（c）叶底

图2-44　都匀毛尖的品质特征

2. 品质鉴别

（1）**看干茶**　正宗都匀毛尖茶的干茶色泽绿润，条索紧细卷曲，有锋苗，白毫满布，闻之茶香飘逸、鲜爽清晰。

（2）**品茶汤**　上乘都匀毛尖茶冲泡后，茶汤黄绿明亮，香气嫩香持久，滋味鲜爽，回味甘甜。

（3）**审叶底**　都匀毛尖茶的原料是在清明前后采摘的第一叶初展的细嫩芽头，经冲泡后叶底仍现芽叶，细嫩匀整，柔软鲜活。

十、祁门红茶

祁门红茶主产于安徽祁门县的贵溪、黄家岭、石迹源等地，又称祁门工夫红茶，是中国传统工夫红茶中的珍品，有100多年的生产历史，在国内外享有盛誉。

1. 品质特征（图2-45）

形状：条索紧细匀齐，略带弯曲。　　香气：鲜浓馥郁或清鲜持久。

色泽：乌润，显金毫。　　　　　　　滋味：醇和鲜爽。

汤色：红艳明亮。　　　　　　　　　叶底：红亮，柔嫩匀齐。

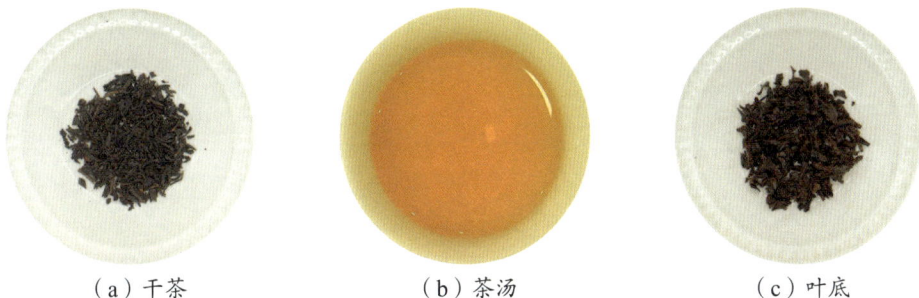

（a）干茶　　　　　　　　（b）茶汤　　　　　　　　（c）叶底

图2-45 祁门红茶的品质特征

2. 品质鉴别

上品祁门红茶条索紧密，色泽乌润，有金黄芽毫显露，汤色红艳透明，叶底柔嫩多芽，鲜红明亮。有些非正宗的祁门红茶叶片形状不齐，个别添加色素的假茶颜色比正品更亮。

祁门红茶有"祁门"香，因火功的不同，有的呈砂糖香或苹果香，有的具有甜花香，并带有蕴藏的兰花香。

十一、云南滇红

云南滇红产于云南省凤庆、勐海、临沧、双江、云县、昌宁等地，又称滇红工夫茶，属大叶种类型的工夫茶，是中国工夫红茶的新葩。它以外形肥硕紧实，金毫显露，香高味浓而独树一帜，在世界茶叶市场中享有较高声誉。

1. 品质特征（图2-46）

形状：条索紧结肥壮。　　　　香气：嫩香浓郁，带焦糖味。

色泽：乌润，金毫显露。　　　　滋味：甘醇鲜爽。

汤色：红浓明亮，有金圈。　　　叶底：柔嫩，红匀明亮。

（a）干茶　　　　　（b）茶汤　　　　　（c）叶底

图2-46　云南滇红的品质特征

2. 品质鉴别

从外形上看，滇红工夫茶紧结肥壮，锋苗秀丽，色泽乌润，金毫显露；冲泡后内质香气嫩香浓郁，带焦糖味；汤色红浓透明，有金圈。

十二、江西宁红

江西宁红产于江西省九江市修水县、武宁县及宜春市铜鼓县，又称宁红工夫，是中国最早的工夫茶之一。宁红茶以其独特的风格和优良的品质，驰名中外。

1. 品质特征（图2-47）

形状：条索紧结，锋苗挺秀。　　　香气：香高持久似祁红。

色泽：乌黑油润，金毫显露，略显红筋。　滋味：醇厚甜和。

汤色：红亮或红艳。　　　　　叶底：红嫩多芽或红匀。

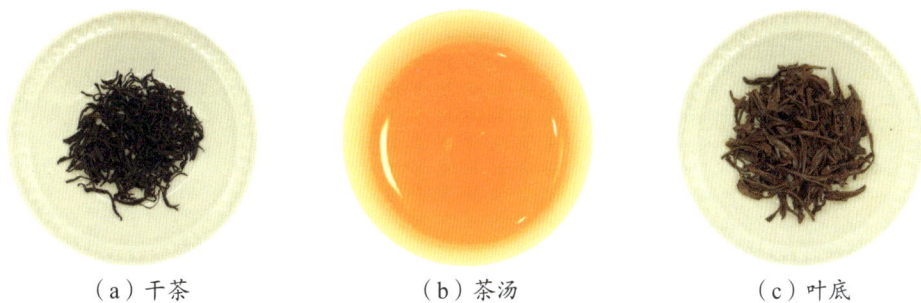

（a）干茶　　　　　（b）茶汤　　　　　（c）叶底

图2-47　江西宁红的品质特征

2. 品质鉴别

从外形上看，宁红工夫茶条索紧结，锋苗挺秀，色泽乌黑油润，金毫显露，略显红筋；冲泡后内质香高似祁红，汤色红亮或红艳。

十三、湖北宜红

湖北宜红产于湖北宜昌、恩施等地，这里是中国古老的茶区，唐代陆羽曾将宜昌地区的茶叶列为山南茶之首。据记载，宜昌红茶问世于19世纪中叶，至今已有100余年历史。

1. 品质特征（图2-48）

形状：条索紧细秀丽。　　　　　香气：清鲜纯正。

色泽：乌黑，显金毫。　　　　　滋味：醇厚鲜爽。

汤色：红艳明亮，稍冷即有明显的"冷后浑"现象。　　叶底：红亮柔软。

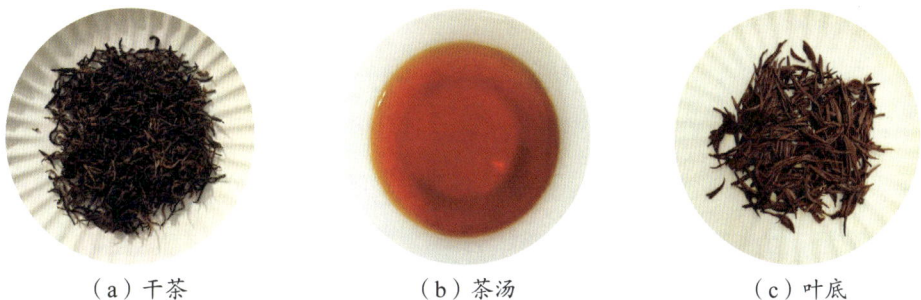

（a）干茶　　　　　（b）茶汤　　　　　（c）叶底

图2-48　湖北宜红的品质特征

2. 品质鉴别

从外形上看，宜红工夫茶条索紧细，色泽乌黑，显金毫；冲泡后内质香气纯正，汤色红艳明亮，稍冷即有明显的"冷后浑"现象。

十四、正山小种

正山小种的主要产地为福建省武夷山市星村镇自然保护区核心地带的桐木关地区。

1. 品质特征（图2-49）

形状：紧结匀整，条索肥壮，不带芽毫。　香气：芳香浓烈，带有松烟香。

色泽：乌黑带褐，较油润。　滋味：醇厚回甘，有桂圆汤味。

汤色：红艳明亮。　叶底：肥厚红亮。

（a）干茶　　　　　（b）茶汤　　　　　（c）叶底

图2-49　正山小种的品质特征

2. 品质鉴别

优质正山小种外形粗壮圆直，色泽乌黑油润。一些外山小种虽形似正山小种，但比较轻薄，颜色稍浅，呈褐色。正山小种的汤色红艳浓厚，似桂圆汤，加入牛奶后形成的奶茶颜色更为明艳，而非正宗的正山小种汤色则稍淡。真品正山小种品尝起来有桂圆汤或蜜枣味，干茶闻起来有松烟香，随着存放时间的延长香味更加浓郁，且带有淡淡的果香。

十五、日月潭红茶

日月潭红茶主要产地在台湾南投县埔里镇及鱼池乡一带。

1. 品质特征（图2-50）

形状：条索紧结粗壮。 香气：甜香浓郁。

色泽：墨黑有紫光泛。 滋味：浓醇鲜爽。

汤色：金红鲜明。 叶底：红艳明亮。

（a）干茶   （b）茶汤   （c）叶底

图2-50 **日月潭红茶的品质特征**

2. 品质鉴别

从外形上看，日月潭红茶条索紧结粗壮，色泽墨黑有紫光泛；冲泡后内质甜香浓郁，汤色金红鲜明，滋味浓醇鲜爽。

十六、金骏眉

金骏眉主要产地为福建省武夷山市武夷山国家级自然保护区内海拔1200～1800米的高山地区。

1. 品质特征（图2-51）

形状：条索细紧，隽茂，稍弯曲。香气：似果、蜜、花等综合香型。

色泽：金、黄、黑三色相间，乌中透黄。 滋味：鲜活干爽。

汤色：金黄明亮，有金圈。 叶底：呈古铜色。

（a）干茶　　　　　　　（b）茶汤　　　　　　　（c）叶底

图2-51　金骏眉的品质特征

2. 品质鉴定

上品金骏眉条索紧秀隽茂，乌黑之中透着金黄；汤色金黄清澈，有金圈，高山韵味持久；叶底呈古铜色。次品则汤色红、浊、暗，叶底红褐。正宗金骏眉闻起来有蜜糖香，茶汤有悠悠甜香，夹杂着花果味，口感清甜顺滑。上品金骏眉一般能够连泡12次，而且口感仍然饱满甘甜，香气仍存。如果是次品，则冲泡几次后就香味无存了。

十七、武夷岩茶

武夷岩茶的品质特点是：条索壮结匀整，色泽青褐油润；冲泡后，香气馥郁隽永，具有特殊的"岩韵"；滋味浓醇回甘，清新爽口；汤色橙黄，清澈艳丽；叶底"绿叶红镶边"，呈三分红七分绿，且柔软红亮。

1. 大红袍

大红袍在武夷名丛中享有最高的声誉，它既是茶树名，又是茶叶名。大红袍产于天心岩九龙窠的高岩峭壁之上。古时，采制大红袍需焚香礼拜，设坛诵经，使用特制器具，由资深茶师专门制作。大红袍的品质很有特色，冲泡7～8次尚不失原茶真味和桂花香。

（1）品质特征（图2-52）

形状：条索紧结，匀整壮实。　　香气：馥郁持久，有"岩韵"。

色泽：绿褐鲜润。　　　　　　　滋味：甘泽清醇。

汤色：橙黄明亮。　　　　　　　叶底：软亮，"绿叶红镶边"。

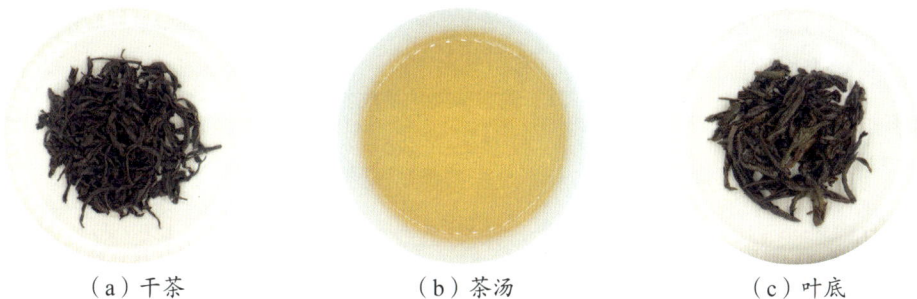

（a）干茶　　　　　　（b）茶汤　　　　　　（c）叶底

图2-52　大红袍的品质特征

（2）品质鉴别　正宗的大红袍茶通常为八泡左右，超过八泡者更优。好的茶有"七泡八泡有余香，九泡十泡余味存"的说法。据业内专家评定，大红袍茶冲至第九次尚不脱原茶之真味桂花香，而其他名茶冲至第七次味就极淡了。

2. 武夷肉桂

武夷肉桂产于福建省武夷山的水帘洞、三仰峰、马头岩、天游峰、仙掌岩、碧石、九龙窠等地，为武夷名丛之一，清代就已负盛名。

（1）品质特征（图2-53）

形状：条索匀整，紧结壮实。　　香气：具有奶油、花果、桂皮香。

色泽：乌褐油亮或呈蛙皮青。　　滋味：醇厚回甘。

汤色：橙红明亮。　　　　　　　叶底：黄绿，绿叶红边。

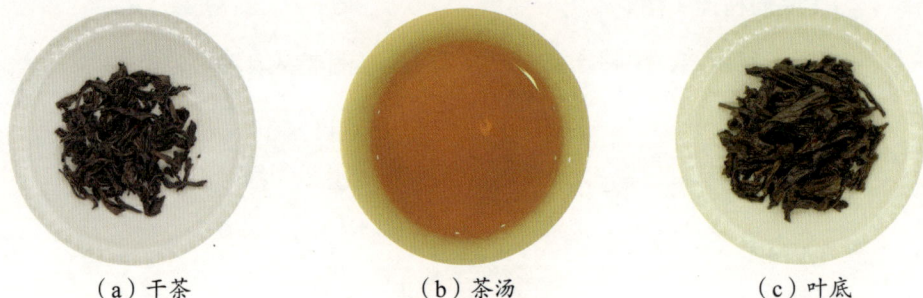

（a）干茶　　　　　　　（b）茶汤　　　　　　　（c）叶底

图2-53　**武夷肉桂的品质特征**

（2）品质鉴别　从外形上看，干茶条索紧结壮实，色泽乌褐油亮；冲泡后内质香气具有奶油和花果香，桂皮香明显，汤色橙红明亮，滋味醇厚回甘。

3. 武夷水仙

武夷水仙主要产于福建省武夷山市武夷山天心岩茶村。

（1）品质特征（**图2-54**）

形状：条索肥壮，较紧结匀整，　　香气：浓郁，具有兰花清香。
　　　　叶端折皱扭曲。　　　　　　滋味：醇浓，甘爽。

色泽：乌褐油润。　　　　　　　　叶底：肥软黄亮，"绿叶红镶边"。

汤色：清澈，呈琥珀色。

（a）干茶　　　　　　　（b）茶汤　　　　　　　（c）叶底

图2-54　**武夷水仙的品质特征**

（2）品质鉴别　正岩水仙条索肥壮，较紧结匀整，叶端折皱扭曲，色泽乌润带宝色，匀整度、净度好。正岩水仙茶三、四泡韵味最佳，七泡犹觉甘醇，八泡有余味，九泡不失茶真味。

外山水仙虽醇但无岩韵，往往三泡以后茶味明显淡薄。

闽北水仙条索较紧匀整，叶端稍扭曲，色泽较油润，间带砂绿蜜黄。

老丛水仙条索紧卷，叶片较大，色泽乌褐；冲泡后汤色呈琥珀色，油亮清透；老丛韵浓郁，青苔味明显，回甘持久而强劲；叶底叶片大而厚，韧性很好。

十八、安溪铁观音

安溪铁观音主要产于福建省泉州市安溪县西坪镇、南崎等地。

1. 品质特征（图2-55）

形状：条索肥壮圆结，如"蜻蜓头"。　　香气：馥郁持久，带兰花香。

色泽：砂绿油润，红点鲜艳。　　　　　滋味：醇厚甘甜，回甘带蜜味。

汤色：金黄明亮，浓稠。　　　　　　　叶底：肥厚软亮，匀整。

（a）干茶　　　　　　　　（b）茶汤　　　　　　　　（c）叶底

图2-55　安溪铁观音的品质特征

2. 品质鉴别

（1）观色　看干茶颜色是否鲜活，春茶颜色应为墨绿，最好有砂绿白霜；冬茶颜色应为翠绿，如果茶色灰暗枯黄则为劣品。同时注意是否有红边，有红边表明发酵适度。

（2）**闻香** 鼻头贴近干茶，吸三口气，如果香气持久甚至愈来愈强，说明品质佳；香气不足则说明品质较次；有青气或杂味则品质最次。

（3）**掂重** 好茶拿在手上掂量会觉得有分量，太重则滋味易苦涩，太轻则滋味显得淡薄。

（4）**察色** 冲泡后，品质佳者汤色明亮浓稠，依品种及制法不同，分淡黄、蜜黄、金黄。汤色如果浑浊或者淡薄，则说明品质较次。

十九、凤凰单丛

凤凰单丛主要产于广东省潮州市潮安区凤凰镇凤凰山。

1. 品质特征（图2-56）

形状：条索粗壮，匀整挺直。　　香气：浓郁持久，有天然花香。

色泽：乌润，略带红边，油润有光。　滋味：浓醇甘爽。

汤色：橙黄，清澈明亮。　　　　　叶底：青蒂、绿腹、红镶边。

（a）干茶　　　　　　　（b）茶汤　　　　　　　（c）叶底

图2-56　凤凰单丛的品质特征

2. 品质鉴别

（1）**看外形** 凤凰单丛茶挺直肥硕，色泽乌褐（或灰褐）油润，并略带红边。

（2）**品滋味** 单丛茶一棵茶树一个味，各有独特的天然香气，重在体验口舌间经久不减的茶味和回甘，以及品味经过浸泡、充分渗透之后清甜柔滑的茶汤。茶汤以二泡、三泡香气为最佳；以五泡、六泡口感为最好。上品有特殊山韵蜜味的滋味，爽口回甘。

（3）**赏叶底** 叶底边缘朱红，叶股黄亮，有"绿腹红镶边"之称。

二十、台湾乌龙茶

台湾乌龙名茶主要有文山包种、东方美人、冻顶乌龙、杉林溪乌龙及金萱乌龙等。台湾乌龙的产制技术和茶树品种均来自福建武夷山，已有近百年历史。

台湾乌龙茶的品质特点是：条索肥壮，显白毫，茶条较短，含红、黄、白三色，鲜艳绚丽；冲泡后有熟果香，滋味醇厚，汤色橙红，叶底淡褐有红边。

1. 文山包种

文山包种茶产自台湾省台北市的新店、坪林、石碇、深坑、汐止、平溪等茶区，约有2300公顷。文山包种茶的茶叶外观翠绿，条索紧结且自然弯曲，冲泡后茶汤水色蜜绿鲜活，香气扑鼻，滋味甘醇，入口生津，是茶中极品。

（1）**品质特征（图2-57）**

形状：条索紧结匀整，叶尖自然弯曲。　香气：幽雅清香，似兰花香。

色泽：乌褐或深绿，带有青蛙皮般的　滋味：甘醇，有花香味。
　　　灰白点。　　　叶底：红褐油亮或有青绿红边。

汤色：橙红明亮。

（a）干茶　　　　　　　（b）茶汤　　　　　　　（c）叶底

图2-57　文山包种的品质特征

（2）品质鉴别　优质文山包种茶看起来颜色比较鲜活，不掺杂；幼枝心芽连理，带有青蛙皮般的灰白点；条索紧结，并呈自然弯状。干茶有如素兰花香。

好的文山包种茶茶汤颜色明亮而不浑浊，呈金黄色，或蜜绿鲜艳；闻起来没有草青味，而是清幽的花果香中带有甜香，即使是茶汤冷却，香气依然存在。

上品文山包种茶冲泡后叶底叶片完整，枝叶连理；次品叶底断裂有碎叶，色泽暗。

2. 东方美人

东方美人茶主要产地在台湾省新竹县的峨眉、北埔地区，以及苗栗县的头屋、头份、三湾一带。

（1）品质特征（图2-58）

形状：芽叶肥大，白毫显露。　　　香气：熟果香和蜂蜜香。

色泽：白、绿、黄、红、褐五色相间。　滋味：甘甜醇厚。

汤色：橙红明亮，呈琥珀色。　　　叶底：红亮透明。

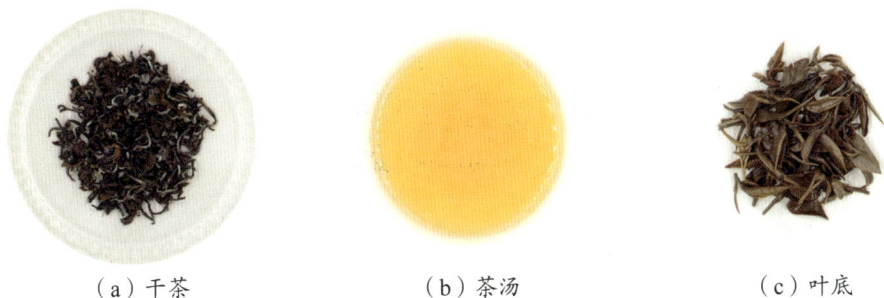

（a）干茶　　　　　　　（b）茶汤　　　　　　　（c）叶底

图2-58　东方美人的品质特征

（2）品质鉴别　东方美人茶是自然生态茶，没有农药。天然的蜜香味是其一大特色，茶芽肥大，色泽鲜艳，五色俱全。冲泡后的东方美人茶甘润香醇，叶底完整，口齿留香，且耐冲泡。

3. 阿里山茶

阿里山茶茶园主要分布于台湾省嘉义县梅山乡山区之太平、龙眼（龙眼林尾）、店仔、樟树湖、碧湖、太兴、瑞里、瑞峰、太和及太兴等村落，茶园总面积约10000公顷，海拔介于900～1400米之间。梅山乡龙眼村（海拔约1200米）更是台湾高山茶的滥觞。而此地种植的茶树，以青心乌龙为主。

竹崎乡、番路乡及阿里山乡产茶的村庄大多位于阿里山公路旁，如濑头、隙顶、龙头、光华、石桌、十字路、达邦、里佳及丰山等山地村落。而这些村落所产制的茶品对外通称阿里山茶，不过也有名为阿里山珠露茶或阿里山玉露茶的茶品出现，尤以阿里山珠露茶最享有盛名，可谓是竹崎乡民的"绿金"。而此茶产于竹崎乡石桌茶区，茶园种植面积约为400公顷，分布于海拔1200～1400米的高度，种植品种以青心乌龙为主。由于制成的茶叶香气浓郁，滋味甘醇，广受饮茶人士喜爱（图2-59）。

图2-59　台湾省阿里山石桌茶园

（1）品质特征（图2-60）

形状：条索紧结重实，呈半球形。　香气：清香优雅。

色泽：砂绿，有光泽。　滋味：甘醇鲜美。

汤色：蜜绿清澈。　叶底：绿底微红边。

（a）干茶　　　　　　（b）茶汤　　　　　　（c）叶底

图2-60　阿里山茶的品质特征

（2）品质鉴别　从外形上看，阿里山茶条索紧结重实，呈半球形，色泽砂绿油润，冲泡后内质香气清香优雅，汤色蜜绿透明，叶底为绿底微红边。

4. 杉林溪乌龙

杉林溪乌龙茶主要产地为台湾省南投县竹山镇大鞍里溪头森林游乐区之

上的杉林溪。它是创新名茶，大约于1985年由竹山镇鹿谷乡长林义雄等人培植出的乌龙茶品种。

（1）品质特征（图2-61）

形状：条索匀整紧结，呈半球形粒状。　　香气：清香淡雅，有天然果香。

色泽：墨绿，有光泽。　　滋味：浓醇鲜美。

汤色：蜜绿透明。　　叶底：绿底微红边。

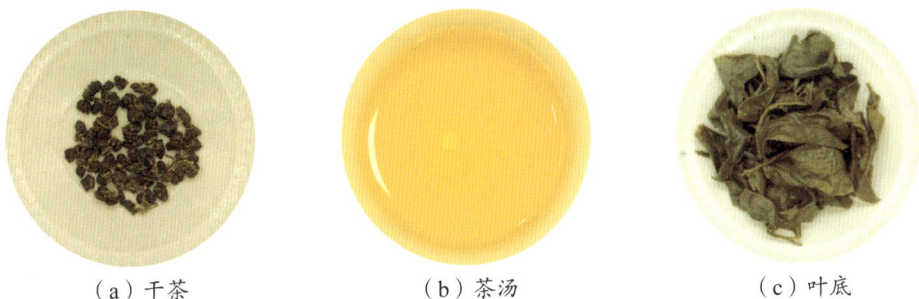

（a）干茶　　　　　　（b）茶汤　　　　　　（c）叶底

图2-61　**杉林溪乌龙的品质特征**

（2）品质鉴别　从外形上看，干茶匀整紧结，呈半球形粒状，色泽墨绿油亮，冲泡后内质香气清香淡雅，有天然果香，汤色蜜绿透明。

5. 金萱乌龙

金萱乌龙主要产地为台湾省南投县竹山镇，是20世纪80年代改良培育的新品种，也是现今台湾茶的特色之一，人们习惯称之为"台茶12号"。该茶因为具有独特的奶香味，故又名"奶香金萱"。

（1）品质特征（图2-62）

形状：条索圆整紧结，呈半球状。　　香气：淡雅，有奶香。

色泽：砂绿或墨绿。　　滋味：浓醇爽口。

汤色：蜜黄明亮。　　叶底：绿底微红边。

| （a）干茶 | （b）茶汤 | （c）叶底 |

图2-62　金萱乌龙的品质特征

（2）品质鉴别　从外形上看，金萱乌龙茶圆整紧结，色泽为深绿或墨绿，冲泡后内质香气淡雅，有奶香，汤色蜜黄明亮，叶底为绿底微红边。

二十一、白毫银针

白毫银针产于福建福鼎、政和等地，始创制于1889年，距今已有100多年的历史。白毫银针简称银针，又称白毫，当代则多称银针白毫。它不同于宋代的白茶和现代的凌云白毫（属绿茶类）、君山银针（属黄茶类）等茶。

1. 品质特征（图2-63）

形状：芽壮肥硕，挺直似针，白毫满披。　香气：毫香清鲜。

色泽：毫白似银，有光泽。　　　　　　　滋味：醇厚爽口。

汤色：晶亮，呈浅杏黄色。　　　　　　　叶底：匀绿完整，肥嫩柔软。

| （a）干茶 | （b）茶汤 | （c）叶底 |

图2-63　白毫银针的品质特征

2. 品质鉴别

白毫银针是由未展开的肥嫩芽头制成的，茶芽肥壮、挺直、匀整，白毫明显，色泽银灰，熠熠闪光。优质的白毫银针冲泡后芽尖朝上，茶芽徐徐下落于杯中，再慢慢下沉至杯底，条条挺立，上下交错。

二十二、白牡丹

白牡丹产于福建政和、建阳、松溪、福鼎等地。它以绿叶夹银色白毫芽，形似花朵，冲泡后绿叶托着嫩芽，宛若蓓蕾初绽而得名。

1. 品质特征（图2-64）

形状：两叶抱一芽，形态自然，　　香气：清鲜纯正，毫香明显。
　　　　叶背茸毛洁白。　　　　　　滋味：鲜醇清甜。

色泽：深灰绿或暗青苔色，绿　　　叶底：叶张肥嫩，柔软成朵，
　　　　叶夹银白毫心。　　　　　　　　　叶脉微红。

汤色：橙黄清澈。

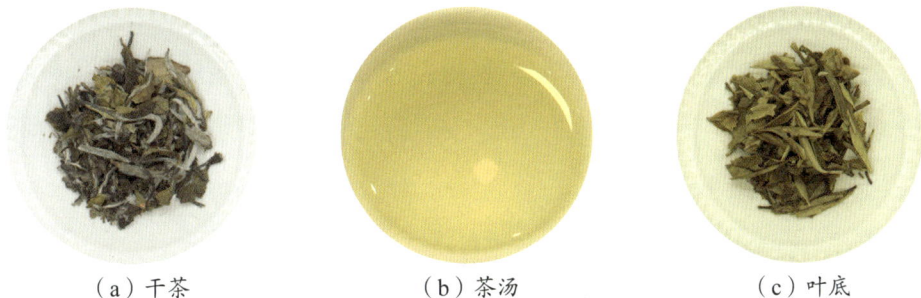

（a）干茶　　　　　　　　（b）茶汤　　　　　　　　（c）叶底

图2-64　白牡丹的品质特征

2. 品质鉴别

从外形上看，白牡丹形态自然，叶背茸毛洁白，色泽为深灰绿或暗青苔色，绿叶夹银白毫心，冲泡后内质香气清鲜纯正，毫香明显。

二十三、贡眉

贡眉主产于福建建阳、建瓯、浦城等地。贡眉多由菜茶芽采制而成，过去主销港、澳地区。

1. 品质特征（图2-65）

形状：叶缘略带垂卷形，显毫心。　　香气：清鲜纯正。

色泽：灰绿或翠绿，鲜艳有光泽。　　滋味：醇厚清甜。

汤色：橙黄（或深黄）清澈。　　　　叶底：柔软鲜亮，叶张主脉呈红色。

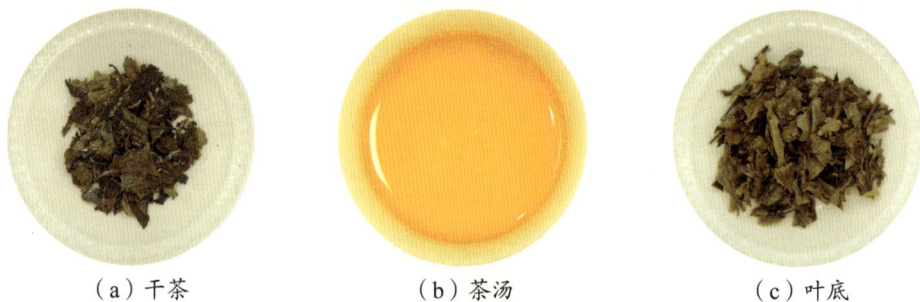

（a）干茶　　　　　　　（b）茶汤　　　　　　　（c）叶底

图2-65　贡眉的品质特征

2. 品质鉴别

优质贡眉色泽呈灰绿或翠绿，茸毫色白且多；芽叶连枝，匀整，破张少，两边缘略带垂卷形；叶面有明显的波纹，嗅之没有浓厚的"青气"，而是有一种令人欣喜的清香气味。

二十四、君山银针

君山银针产于湖南岳阳的洞庭山，洞庭山又称君山。当地所产之茶，形似针，满披白毫，故称君山银针。

1. 品质特征（图2-66）

形状：芽头茁壮，紧实挺直。　　　　香气：清鲜，毫香鲜嫩。

色泽：黄绿，白毫鲜亮，芽头金黄。　滋味：醇和甜爽。

汤色：杏黄明净。　　　　　　　　　叶底：黄亮，匀齐肥厚。

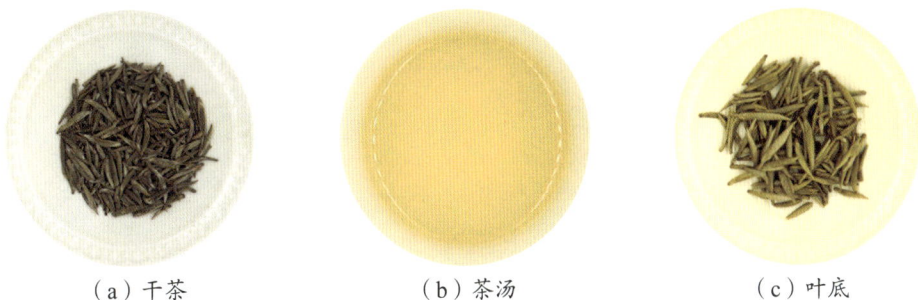

（a）干茶　　　　　　　（b）茶汤　　　　　　　（c）叶底

图2-66　君山银针的品质特征

2. 品质鉴别

正宗的君山银针是经过发酵的、芽头呈金黄色的黄茶，享有"金镶玉"的美称，外层裹一层鲜亮的白毫。市面上很多冒牌的君山银针是不发酵的，属于绿茶类，两者的风味、口感相差甚远。君山银针的茶芽像一根根针，长短、大小均匀。冲泡时，茶芽首先浮于水面，悬空挂立；片刻后，茶芽迅速吸水，慢慢开始下沉，经过三起三落后簇立杯底。

二十五、霍山黄芽

霍山黄芽产于安徽霍山，为唐代二十种名茶之一，清代为贡茶，之后失传。现在的霍山黄芽是20世纪70年代初恢复生产的，主产于佛子岭水库上游的大化坪、姚家畈、太阳河一带，其中以大化坪的金鸡山、金家湾、金竹坪和乌米尖，即"三金一乌"所产的黄芽品质最佳。

1. 品质特征（图2-67）

形状：形似雀舌，细嫩多毫。　　香气：清高，有熟板栗香。

色泽：绿润泛黄。　　　　　　　滋味：醇厚回甜。

汤色：稍绿，黄而明亮。　　　　叶底：黄绿明亮，嫩匀厚实。

（a）干茶　　　　　　　（b）茶汤　　　　　　　（c）叶底

图2-67　霍山黄芽的品质特征

2. 品质鉴别

从外形上看，霍山黄芽形似雀舌，多毫，色泽绿润泛黄，冲泡后内质香气清高，有熟板栗香，汤色黄绿明亮，滋味醇厚回甜。

二十六、广西六堡茶

广西六堡茶主要产于广西壮族自治区梧州市苍梧县六堡乡。

1. 品质特征（图2-68）

形状：条索粗壮结实。　　　　　香气：陈醇，有槟榔香。

色泽：黑褐光润。　　　　　　　滋味：浓醇爽滑，有回甘。

汤色：红浓，似琥珀色。　　　　叶底：黑褐尚匀。

（a）干茶　　　　　　　（b）茶汤　　　　　　　（c）叶底

图2-68　广西六堡茶的品质特征

2. 品质鉴别

（1）**观其形**　正宗六堡茶干茶条索均匀，色泽黑褐光润而略带棕褐，闻之有新茶干香，无杂味和霉点。而伪六堡茶一般未经过"杀青"处理，毫无柔润感。

（2）**闻茶香**　正宗六堡茶有槟榔香、果香（类似于罗汉果味）或松烟香，而仿冒品则没有这一香气。

（3）**辨汤色**　1~2年的新茶汤色一般都比较浑，但随着时间的推移会变得澄亮明净。越老的汤色越红、越透亮，越体现出六堡茶的"红""浓"特色。而假冒六堡茶冲泡后汤色晦暗或浑浊，呈"酱油汤"。

二十七、景谷白毫

景谷白毫主要产地为云南省普洱市澜沧拉祜族自治县景迈山及西双版纳傣族自治州勐海县。

1. 品质特征（图2-69）

形状：条索壮实，银毫闪烁，形状优美。　　香气：茶味清香，并带有橄榄香。

色泽：表面绒白，底面素黑。　　　　　　　滋味：醇厚回甘。

汤色：清澈，金黄透亮。　　　　　　　　　叶底：黄绿匀整。

（a）干茶　　　　　　（b）茶汤　　　　　　（c）叶底

图2-69　景谷白毫的品质特征

2. 品质鉴别

从外形上看，景谷白毫弯弯如月，茶绒纤纤，表面绒白，底面素黑，冲泡后内质香气馥郁缠绵，汤色金黄透亮，滋味甘醇顺滑，叶底红褐匀整。景谷白毫十分耐泡，连冲四五泡之后，茶汤依然晶莹剔透，茶香犹存。

二十八、普洱生茶

普洱生茶主要产地为云南省西双版纳傣族自治州、临沧市、普洱市等地。

1. 品质特征（图2-70）

形状：圆饼形，紧结光滑。　　　　香气：清香纯正。

色泽：青绿或墨绿。　　　　　　　滋味：苦涩中带甘甜。

汤色：青黄透亮或金黄透亮。　　　叶底：黄绿色或暗绿色，较柔韧。

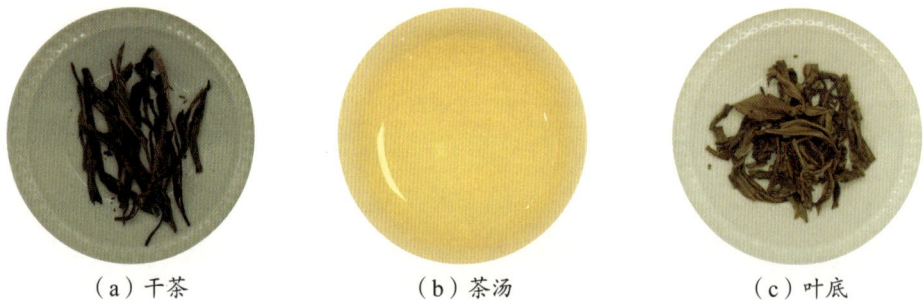

（a）干茶　　　　　　（b）茶汤　　　　　　（c）叶底

图2-70　普洱生茶的品质特征

2. 品质鉴别

普洱茶的生茶和熟茶主要从以下几个方面来鉴别。

（1）**外形**　生饼色泽以青绿、墨绿色为主，熟饼色泽为黑或红褐色，有些芽茶则是暗金黄色，有浓浓的渥堆味；发酵轻者有类似龙眼的味道，发酵重者有闷湿的草席味。

（2）**口感**　生饼口感强烈，茶气足，茶汤清香，苦而带涩。熟饼浓稠水甜，几乎不苦涩（半生熟的除外），有渥堆味，略带水味。

（3）**汤色**　生饼呈青黄色或金黄色，较透亮。熟饼呈栗红色或暗红色，微透亮。

（4）**叶底**　生饼叶底以黄绿色、暗绿色为主，活性高，较柔韧，有弹性，一般以无杂色、有条有形、展开仍保持整叶状的为好茶。熟饼渥堆发酵轻者叶底为红棕色，但不柔韧；发酵重者叶底多呈深褐色或黑色，硬而易碎。

二十九、云南七子饼茶（普洱熟茶）

七子饼茶主要产地为云南省西双版纳傣族自治州勐腊县易武乡和勐海县、普洱市景东彝族自治县及大理白族自治州等。

1. 品质特征（图2-71）

形状：条索紧结、圆整、显毫。　　香气：纯正，陈香。

色泽：褐红色。　　　　　　　　　　滋味：醇浓。

汤色：深红褐色。　　　　　　　　　叶底：深猪肝色。

（a）干茶　　　　　　（b）茶汤　　　　　　（c）叶底

图2-71　云南七子饼茶的品质特征

2. 品质鉴别

（1）**闻其味**　味道要清，不能有霉味。

（2）**辨其色**　茶色如红枣，不能黑如漆。

（3）**品其汤**　回味温和，不可味杂陈。

三十、安化茯砖茶

安化茯砖茶主要产地为湖南省益阳市安化县等地。

1. 品质特征（图2-72）

形状：长方砖形，棱角分明，厚薄一致。　香气：纯正，有菌花香。

色泽：黄褐色。　　　　　　　　　　　　滋味：醇厚甘爽。

汤色：红黄明亮。　　　　　　　　　　　叶底：黑褐粗老。

（a）干茶　　　　　　（b）茶汤　　　　　　（c）叶底

图2-72　安化茯砖茶的品质特征

2. 品质鉴别

从外形上看，黑砖茶为长方砖形，厚薄一致，紧度适宜，色泽黑褐，冲泡后内质香气纯正，汤色红黄微暗，叶底黑褐。

三十一、再加工茶

花茶是一种再加工茶。所谓再加工茶，即以成品茶为原料，进一步深加工为新的品种，如花茶、速溶茶、紧压茶等。有的成品茶在再加工的过程中品质变化不大，如花茶、黑砖茶。有的则品质变化很大，如云南的紧压茶、大圆饼茶是用晒青绿茶加工的，但经过堆积变色等工序，已成为黑茶。

花茶是中国特有的茶类，它以经过精制的烘青绿茶为原料，用清高芬芳或馥郁甜香的香花窨制而成。经过窨制，花茶形香兼备，别具风韵。花茶集茶叶与花香于一体，茶有花香，花增茶味，相得益彰。茉莉银毫属花茶中的名优品种。花茶既保持了浓郁爽口的茶味，又有鲜亮芬芳的花香，令人心旷神怡，而银毫则是花茶中的高档名品。

1. 福州茉莉花茶

福州茉莉花茶主要产地为福建省福州市和宁德市的福鼎市境内。

（1）品质特征（图2-73）

形状：条索紧细显毫，匀整。　　香气：纯正浓郁，鲜灵持久。

色泽：深绿色。　　　　　　　　滋味：醇厚鲜爽。

汤色：黄绿明亮。　　　　　　　叶底：黄绿，柔软匀嫩。

（a）干茶　　　　　　（b）茶汤　　　　　　（c）叶底

图2-73　福州茉莉花茶的品质特征

（2）**品质鉴别**　优质茉莉花茶外形完整，色泽嫩黄，不存在其他夹杂物或碎茶。上品茉莉花茶香气浓郁，鲜灵持久，且耐泡，至少能泡两泡；而个别稍差的花茶香气薄，不持久，一泡有香，二泡便无香了。优质茉莉花茶的茶汤清新爽口，不会有其他异味，饮后口中留有花的芬芳和茶的香醇。茉莉花茶的汤色应以黄而明亮为佳，若深暗泛红，品质往往较差。

2. 枣香红茶

枣香红茶主要产地为河北省太行山区。

（1）**品质特征**（图2-74）

形状：条索紧细，夹杂焦枣干片。　　香气：枣香浓郁。

色泽：乌润泛褐。　　　　　　　　　滋味：醇和甘美。

汤色：红亮鲜艳。　　　　　　　　　叶底：红亮柔嫩。

（a）干茶　　　　　　（b）茶汤　　　　　　（c）叶底

图2-74　枣香红茶的品质特征

（2）**品质鉴别** 从外形上看，干茶条索紧细，夹杂焦枣干片，色泽乌润泛褐，冲泡后具有浓郁枣香，汤色红亮鲜艳，滋味醇和甘美。

3. 焦枣普洱茶

焦枣普洱茶主要产地为云南省西双版纳傣族自治州勐海县、临沧市凤庆县等地，以及河北省太行山区。

（1）**品质特征**（图2-75）

形状：条索紧结，焦枣片纤细。　　香气：带有枣香和普洱茶的香韵。

色泽：红褐光润。　　　　　　　　滋味：醇厚微甜。

汤色：红浓明亮。　　　　　　　　叶底：黑褐均匀。

（a）干茶　　　　　　　（b）茶汤　　　　　　（c）叶底

图2-75 **焦枣普洱茶的品质特征**

（2）**品质鉴别** 在挑选焦枣普洱茶时可观察其外观，一般以条索紧结而焦香味显著为佳。当然，普洱茶叶的品质和等级也会影响焦枣普洱茶的口感。另外，普洱茶的年份也很重要，存放时间越久，口感越佳。

第三节

茶叶鉴别

一、茶叶辨识方略

茶叶审评项目大致可分为外观（形状、色泽）、汤质（水色、香气、滋味）及叶底（茶渣）等，各项品质标准因茶类不同而异。

（1）**外观**　审鉴茶叶的外形、条索、色泽、芽尖白毫，以及有无副茶或夹杂物等。

（2）**水色（汤色）**　审视茶汤颜色、汤液明亮度，以及是否具有油光或浑浊晦暗等。

（3）**香气**　鉴赏香气之种类、高低、强弱、清浊、纯杂，以及是否带油臭、焦味、烟味、青臭味、霉味等其他异味。

（4）**滋味**　品鉴茶汤的浓稠、淡薄、甘醇、苦涩，以及其活性、刺激性、收敛性等。

（5）**叶底**　审视茶叶开汤后茶渣的色泽、叶面展开度、叶片芽尖是否完整无破碎，并判别茶青原料品种、老嫩、均一性和发酵程度是否适当。

二、春茶、夏茶与秋茶

茶树在年生长周期中，受不同季节气候变化的影响，加之茶树自身营养消长状况不一，使得从茶树上采下来的鲜叶原料产生差异，由此加工而成的茶叶的品质也就发生了变化。因此茶有春茶、夏茶与秋茶之别，这主要是依据季节变化和茶树新梢生长的间歇性划分的。

我国除华南茶区的少数地区外，绝大部分产茶区的茶叶采制是有季节性的：江北茶区茶叶采制期为5月上旬至9月下旬，江南茶区茶叶采制期为3月下旬至10月中旬，西南茶区茶叶采制期为3月上旬至11月中旬，华南茶区茶叶采制期为1月下旬至12月上旬。

我国长江中下游是主要产茶区域。中国茶叶产区地域广阔，不同地区四季温度差别很大。茶按季节划分的标准也不相同，有的按时间采制划分：一般来说，春茶是指当年5月底之前采制的茶叶；夏茶是指6月至7月底采制的茶叶；而8月以后采制的当年茶叶称为秋茶。还可按节气划分：清明至小满为春茶，小满至小暑为夏茶，小暑至寒露为秋茶。另外，按茶树新梢生长先后、采摘迟早分为头采茶、二采茶、三采茶和四采茶。

茶树由于受气候、品种以及栽培管理条件的影响，每年、每季茶的采制时间是不一致的。大体来看，总是自南向北逐渐推迟，南北差异在3～4个月。另外，同一茶区，甚至同一茶园，每年的采制时间也可能因气候、管理等原因相差5～20天。由于茶季不同、茶树生长状况有别，因此，即使是在同一茶园内采制而成的不同茶季的茶叶，外形和内质都有较大的差异。

以绿茶为例。由于茶树休养生息一个冬天，春茶的新梢芽叶肥壮，而且春季温度适中、雨量充沛，使春茶色泽翠绿，叶质柔嫩，毫毛多，叶片中有效物质含量丰富。所以，春茶滋味鲜爽，香气浓烈，是全年品质最好的。而夏季的茶树生长迅速，叶片中可溶物质减少，咖啡碱、花青素、茶多酚等苦涩味物质增加。因此，夏茶滋味较苦涩，香气也不如春茶浓。秋季的茶树已经过两次以上的采摘，叶片内含物质相对减少，叶色泛黄，大小不一，滋味、香气都较平淡。春茶、夏茶和秋茶的品质特征，可以从以下两个方面去描述。

从干茶来看：春茶茶芽肥壮，毫毛多，香气鲜浓，条索紧结；夏茶条索松散，叶片宽大，香气较低；秋茶叶片轻薄，大小不一，香气平和。

从湿茶来看：春茶冲泡时茶叶下沉快，香气浓烈持久，滋味鲜醇，叶底为柔软嫩芽；夏茶冲泡时茶叶下沉慢，香气欠高，滋味苦涩，叶底较粗硬；秋茶则汤色暗淡，滋味淡薄，香气平和，叶底大小不等。

三、新茶与陈茶

新茶与陈茶是相对的概念。一般从3月份开始，茶树陆续发芽抽生，新茶相继上市。因多数窨茶的鲜花要在6月以后才开始开花，所以窨制花茶多数在7月才能进行。每年3月以后饮的花茶仍是隔年茶，也就是陈茶。陈茶因贮存时间长，茶叶在光、水、气、热的作用下，叶内形成色、香、味的特有物质，诸如酸类、醛类、酯类物质，以及各种维生素等遭到破坏或氧化变质，致使茶叶失去光泽而变得灰暗，汤色浑浊泛黄，香气低闷，条索松散，品质降低。

所以"茶以新为贵"，古往今来，人们对茶叶有"抢新""尝新"的习惯。

通常人们所说的新茶比陈茶好，是针对一般情况而言，并不是绝对的。例如，一杯新炒好的龙井茶与一杯在干燥条件下存放1~2个月的龙井茶相比，虽然两者的汤色都清澈明亮，滋味都鲜醇回甘，叶底也都青翠细嫩，但是香气有别。未经贮藏过的龙井茶闻起来略带有青草气，而经过适时贮藏的龙井茶闻起来却清香幽雅。

因此，适时贮藏对龙井茶而言，不但色、味俱佳，而且使龙井茶变得更加适饮。又如，产于闽、粤、台的乌龙茶，只要保存得当，即使是隔年陈茶，同样具有香气馥郁、滋味醇厚的特点。

龙井茶、乌龙茶的贮藏还有一定的时间限制，而广西的六堡茶、云南的普洱茶、湖北的茯砖茶却久藏不变，反而能提高茶叶品质。

判断新茶与陈茶，可从以下三个方面进行综合辨别。

1. 茶叶的色泽

绿茶色泽青翠碧绿，汤色黄绿明亮；红茶色泽乌润，汤色橙红泛亮，是新茶的标志。茶在贮藏过程中，构成茶叶色泽的一些物质在光、气、热的作用下，会发生缓慢分解或氧化。如绿茶中的叶绿素分解、氧化，使绿茶色泽变得枯灰无光，而茶褐素的增加则使绿茶汤色变得黄褐不清，失去了原有的新鲜色泽；红茶贮存时间长，茶叶中的茶多酚产生氧化缩合，使色泽变得灰暗，而茶褐素的增多也使汤色变得浑浊不清，同样失去新红茶的鲜活感。

2. 茶叶的香气

现代科学分析表明，构成茶叶香气的成分有300多种，主要是醇类、酯类、醛类等物质。它们在茶叶贮藏过程中，既能不断挥发，又会缓慢氧化。因此，随着时间的延长，茶叶的香气就会由浓变淡，香型就会由新茶时的清香馥郁而变得低闷浑浊。

3. 茶叶的滋味

在贮藏过程中，茶叶中的酚类化合物、氨基酸、维生素等构成滋味的物质，有的分解挥发，有的缩合成不溶于水的物质，从而使可溶于茶汤的有效滋味物质减少。因此，不管何种茶类，新茶的滋味都醇厚鲜爽，而陈茶却显得淡而不爽。

总之，新茶给人以色鲜、香高、味醇的感觉；而贮藏一年以上的陈茶，纵然保管良好，也难免会出现色暗、香沉、味薄之感，只是由于贮藏方法不同而变化程度不同罢了。因保管不当而发生茶叶潮变或沾染某种异味，则另当别论（图2-76）。

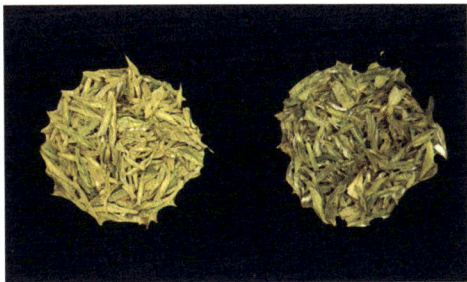

图2-76 **新茶（左）与陈茶（右）**

四、高山茶与平地茶

1. 高山出好茶

多数高山茶与平地茶相比都有香气高长、滋味浓郁的特点，所以有"高山出好茶"之说。"高山出好茶"是茶树的生态环境造成的。茶树的原产地在中国西南部的多雨潮湿的原始森林中，经过长期的历史进化，逐渐形成了喜温、喜湿、耐阴的生活习性。高山之所以出好茶，就在于那里优越的生态条件正好满足了茶树生长的需要。这主要表现在以下三个方面。

①高山环境有利于形成茶叶的优良品质。茶树生长在高山多雾的环境中，一是由于光线受到雾珠的影响，使得红、橙、黄、绿、蓝、靛、紫七种可见光中的红、黄光得到加强，从而使茶树芽叶中的氨基酸、叶绿素和水分含量明显增加；二是由于高山森林茂盛，茶树接受光照时间短，光照强度低，漫射光多，因此有利于茶叶中含氮化合物，如叶绿素和氨基酸含量的增加；三是由于高山有葱郁的林木和茫茫的云海，空气和土壤的湿度得以提高，从而使茶树芽叶光合作用形成的糖类缩合困难，纤维素不易形成，茶树新梢可在较长时期内保持鲜嫩而不易粗老。在这种情况下，十分有利于茶叶色泽、香气、滋味、嫩度的提高，特别有利于绿茶品质的改善。

②高山土壤有利于形成茶叶的营养成分。高山植被繁茂，枯枝落叶多，地面形成了一层厚厚的覆盖物。这样不但土壤质地疏松、结构良好，而且土壤有机物含量丰富，茶树所需的各种营养成分齐全。从生长在这种土壤中的茶树上采摘下来的新梢，有效营养成分特别丰富，加工而成的茶叶自然是香高味浓。

③高山气温有利于改善茶叶的内质。一般海拔每升高100米，气温大致降低0.6℃。而温度决定着茶树中酶的活性。现代科学分析表明，茶树新梢中茶多酚和儿茶素的含量随着海拔高度的升高、气温的降低而减少，从而使茶叶

的浓涩味减轻；而茶叶中氨基酸和芳香物质的含量却随着海拔的升高、气温的降低而增加，这就为茶叶滋味的鲜爽甘醇提供了物质基础。茶叶中的芳香物质在加工过程中发生复杂的化学变化，产生某些类似鲜花的芬芳香气，如苯乙醇形成玫瑰香、茉莉酮形成茉莉香、沉香醇形成玉兰香、苯丙醇形成水仙香等。所以，许多高山茶具有某些特殊的香气。

高山出好茶，是高山的气候与土壤综合作用的结果。如果在制作时工艺精湛，茶叶的品质将更高。同样，只要气候温和、雨量充沛、云雾较多、湿度较大、土壤肥沃、土质良好，即使不是高山，但具备了高山生态环境的地方，也会生产出品质优良的茶叶（图2-77、图2-78）。

图2-77 西双版纳茶园

图2-78 平地茶园

2. 高山出好茶不是绝对的

关于主要高山名茶产地的调查表明，这些茶山都集中在海拔200～600米之间。海拔超过800米，由于气温偏低，茶树生长往往受限，且易受白星病危害，用这种茶树新芽制出的茶叶饮起来涩口，味感较差。

3. 高山茶与平地茶的识别

高山茶和平地茶由于生态环境有别，不仅茶叶形态不一，而且茶叶内质也不同。高山茶新梢肥壮，色泽翠绿，茸毛多，节间长，鲜嫩度好。由此加工而成的茶叶往往具有特殊的花香，而且香气高，滋味浓，耐冲泡，条索肥硕紧结，白毫显露。而平地茶的新梢短小，叶底硬薄，叶张平展，叶色黄绿欠光润。由此加工而成的茶叶香气稍低，滋味较淡，条索细瘦，身骨较轻。

五、窨花茶与拌花茶

1. 窨花茶

窨花茶又称花茶、香花茶、香片等。它以精制加工而成的茶叶（又称茶坯）配以香花窨制而成，是中国特有的一种茶叶品类。窨制窨花茶的原料，一是茶坯，二是香花。茶叶疏松多细孔，具有毛细管的作用，容易吸收空气中的水汽和气体；它含有的高分子棕榈酸和萜烯类化合物，也具有吸收异味的特点。窨制窨花茶就是利用茶叶吸香和鲜花吐香两个特性，一吸一吐，使茶味与花香合二为一。窨花茶经窨花后，要进行提花，就是将已经失去花香的花干筛分、剔除，高级窨花茶更是如此，只有少数香花的片、末偶尔残留于花茶之中。只有一些低级窨花茶有时为了增色，才人为地夹杂少量花干，但它无助于提高窨花茶的香气。所以，成品窨花茶并非由香花和茶叶两部分构成的，只是茶叶吸收了鲜花中的香气而已（图2-79）。

2. 拌花茶

拌花茶是在未经窨花和提花的低级茶叶中，拌上一些已经过窨制、筛分出来的花干，充作花茶。这种茶由于香花已经失去香味，茶叶已无香可吸，拌上些花干，只是造成人们的一种错觉而已。所以，从科学角度而言，只有窨花茶才能称作花茶，拌花茶实则是一种假冒花茶（图2-80）。

图2-79　**窨花茶**

3.窨花茶与拌花茶的识别

窨花茶与拌花茶通常用感官审评的办法进行区分。审评时，只要用双手捧上一把茶，用力吸一下茶叶的气味，有浓郁花香者为窨花茶；茶叶中有花干，但只有茶味却无花香者是拌花茶。倘若将茶叶用开水冲泡，只要一闻一饮，判断有无花香存在，更易作出

图2-80　**拌花茶**

判断。但也有少数假花茶将茉莉花香型的一类香精喷于茶叶表面，再放上些窨制过的花干，这就增加了识别的困难。不过，这种花茶的香气只能维持1～2个月，之后就消失殆尽。而且，用天然鲜花窨制的窨花茶香气纯清，而喷香精的花茶则有闷浊之感。所以，即使在香气有效期内，也可凭对香气的感觉将其区别出来。

第四节

茶叶品评标准

茶叶品评通常分为外形品评和内质品评两个项目，其中外形品评包括形状、整碎、色泽和净度四个方面，内质品评包括汤色、香气、滋味、叶底四个方面。

一、茶叶外形品评

外形品评也称为干看外形，是对外形各方面按照实物标准样或交易成交样逐项进行评比，以确定品质高于或低于标准样、成交样的茶叶。茶叶品质的好与差首先可以从外形上来辨别，外形是决定茶叶品质的一个重要方面。外形的评比又有一定的方法和规律，只有掌握了评比的方法和规律才能正确评定茶叶品质。

1. 茶叶形状

（1）条形茶 条形茶（图2-81）中一般红、绿毛茶非常注重鲜叶原料的嫩匀度。其条索以细紧或肥壮披毫、显锋苗、身骨重实、碎片末含量少为好；条松或粗松、无锋苗、身骨轻、碎片末含量多为品质差的表现。

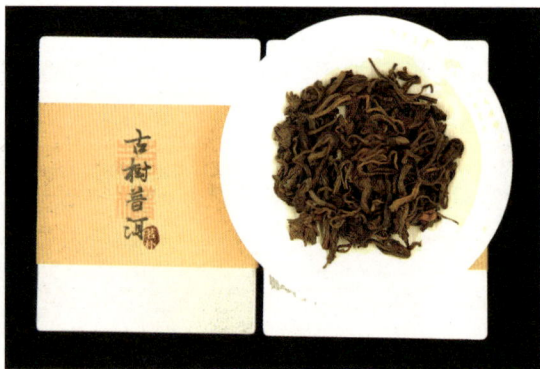

图2-81 条形茶

（2）**圆形茶** 圆形茶（图2-82）一般形状以细圆紧结或圆结、身骨重实为好；松扁开口、露黄头、身骨轻为品质差的表现。

（3）**紧压茶** 紧压茶（图2-83）按压制的形状不同分为成块（个）的茶（如砖茶、饼茶、沱茶等）和篓装茶（如六堡茶、湘尖等）。砖形茶看其砖块规格的大小，棱角是

图2-82 **圆形茶**

否分明，厚薄是否均匀，压制的紧实度，砖块表面是否光洁，有没有龟裂起层的现象。沱茶形状为碗形、臼形，看其紧实度、表面的光洁度、厚薄是否均匀、撒面嫩度及显毫情况。

（4）**篓装茶** 压制成篓茶的茶看其嫩度和松紧度，如六堡茶看压制的紧实度及条形的肥厚度和嫩度（图2-84）；方包茶看其压制的紧实度、梗叶的含量及梗的粗细长短。

图2-83 **紧压饼茶**

图2-84 **1988年出产的篓装六堡茶**

2. 茶叶整碎

整碎评判是针对未压制成型的散装茶进行的。主要看茶叶的匀齐度，一般高档茶往往条形、大小匀齐一致，无碎末、轻片；中低档茶则往往条形短钝或大小不匀，多碎末、轻片（图2-85、图2-86）。

图2-85 **整茶**　　　　　　图2-86 **碎茶**

3. 茶叶色泽

①评比色泽是否正常。色泽正常是指具备该茶类应有的色泽，如绿茶应黄绿、深绿、墨绿或翠绿等，红茶应乌润、乌棕或棕褐等。如果绿茶色泽显乌褐或暗褐，则品质不正常；如果红茶色泽泛暗绿色或花青色，品质也不正常。

②评比色泽的鲜陈、润枯、匀杂。红、绿茶类评比色泽时注重色泽的新鲜度，即色泽光润有活力。同时看茶是否匀齐一致、色泽调和，是否有其他颜色夹杂在一起。如高档绿茶鲜叶原料较嫩匀，其色泽鲜活、翠绿光润、均匀一致；中档绿茶原料嫩匀度稍差，其色泽表现为黄绿尚润，尚有光泽；低档绿茶由于原料较粗老，叶色呈绿黄或枯黄，缺少光泽，因而色泽表现为绿黄欠匀或枯黄暗杂。陈茶由于存放条件较差或时间较长，内含物质发生陈变，色泽暗淡无光泽。

4. 茶叶净度

净度是指茶叶中的茶类夹杂物和非茶类夹杂物的含量情况。

茶类夹杂物是指茶叶鲜叶采摘或加工中产生的一些副产品，如茶籽、茶梗、黄片、碎片末等。一般高档茶要求匀净，不应含有茶类夹杂物；中档茶允许含有少量的茶梗、黄片及碎片末；低档茶允许含有部分较粗老的茶梗、轻黄片及碎片末。

非茶类夹杂物是指石子、谷物、瓜子壳、杂草等非茶类物质，不管高档茶还是低档茶都不允许含有非茶类夹杂物，如图2-87所示。

图2-87　茶类夹杂物和非茶类夹杂物

5. 形状品评常用术语

①扁平。扁直平坦，专用于扁形茶。一般茶叶宽度在5毫米左右，长度在20～28毫米，如西湖龙井。

②剑形。扁直平坦较窄长。一般茶叶宽度在3～4毫米，长度在20～28毫米，似宝剑，如江苏的茅山青峰。

③雀舌形。扁直平坦但较幼小，用于细嫩的扁形茶。一般茶叶宽度在3～4毫米，长度在20～28毫米。

④兰花形。芽叶相连似花朵，基部如花蒂，芽叶端部略卷紧或稍散开，并向下弯曲，似山中兰花。

⑤月牙形。采幼小、细嫩的单芽加工成浑圆的、主脉稍稍弯曲的、似月牙的形状，如太湖翠竹。

⑥针形。采单芽加工成浑圆挺直的形状，或采一芽一叶、一芽二叶初展搓揉成细圆挺直的形状，如雪水云绿、千岛银针、雨花茶。

⑦曲卷。茶条呈螺旋状。根据茶叶弯曲的程度可用"螺形""曲卷形""卷曲形""勾曲形""曲条形"等术语表示，弯曲的程度依次逐渐减弱。

⑧鲜绿。色泽青翠碧绿而有光泽，为高档绿茶之色泽。程度稍次的可用"绿翠""翠绿"等术语。

⑨绿润。色绿而活，富有光泽。

⑩深绿。色泽深近墨绿，有光泽，为高档绿茶所具有的色泽。

⑪嫩绿。绿色较浅带黄，富有光泽，是鲜叶幼嫩、缺乏叶绿素所致，为高档绿茶所具有的色泽。

⑫鲜亮。色泽鲜活而富有光泽，是原料细嫩、加工技术精湛的表现。

⑬鲜润。色泽鲜活而富有光泽，但稍次于"鲜亮"。

⑭嫩黄。绿色较浅带黄，富有光泽，黄的程度大于"嫩绿"。如高山多雾的环境中所产的细嫩茶叶。

⑮灰绿。色深暗带灰白。

⑯暗绿。深绿显暗无光泽。

⑰黄绿。绿中带黄，且光泽较差。

⑱披毫。茶叶的表面都被毫所覆盖。根据程度的递减可依次用"显毫""多毫""有毫""带毫"等术语表示。

⑲细紧。条索细长卷紧而完整，有锋苗。比"细紧"更为细小的用"细秀"表示，比"细紧"更为壮大的依次用"紧结""壮结""肥壮""肥

硕"表示，都为高档茶之用语。一般"细秀""细紧"用于小叶种加工的高档茶叶，"紧结""壮结"用于中叶种加工的高档茶叶，"肥壮""肥硕"用于大叶种加工的高档茶叶。

⑳光润、油润、润。色泽鲜活，光滑润泽。其中"光润"优于"油润"，"油润"优于"润"。

㉑橙红。红色稍浅带黄，是特细嫩红茶所具有的色泽。

㉒红棕。红中带棕，是高档红茶所具有的色泽。

二、茶叶内质品评

茶叶内质品评也称为湿评内质，茶叶内质的香气、滋味是决定茶叶品质的关键因素。茶叶内质汤色、香气、滋味、叶底的辨别也有一定的方法和规律，掌握了茶叶内质评鉴的方法，同时经过不断的感觉器官的训练和经验的积累，才能了解茶叶内质。

1. 看汤色

（1）**具体方法**　茶汤滤出后，如果是红茶就抓紧时间先看汤色，以免茶汤出现"冷后浑"现象。所谓"冷后浑"是指茶汤中茶多酚、咖啡碱含量较高时，两者结合生成一种络合物，这种物质溶解于热水，不溶于冷水。当茶汤温度下降时，它会析出，使茶汤变浑浊。大叶种茶树品种生产的红茶或绿茶都容易产生这种现象，特别是大叶种红碎茶，更易产生"冷后浑"现象。出现"冷后浑"现象是茶叶内含物质丰富、品质好的表现。如果是其他茶类则先嗅香气，再看汤色。看汤色是否正常，即鉴别该茶类应有的汤色。如绿茶汤色应以绿为主，如黄绿明亮或绿尚亮；红茶汤色应以红为主，如红艳或红亮；乌龙茶则为金黄明亮、橙黄明亮或橙红等。如果绿茶汤色泛红，或红茶汤色泛青，则往往是品质较差的表现。绿茶、黄茶、乌龙茶和黑茶的汤色如图2-88～图2-91所示。

图2-88 **绿茶茶汤**　图2-89 **黄茶茶汤**　图2-90 **乌龙茶茶汤**　图2-91 **黑茶茶汤**

（2）汤色品评常用术语

①浅白。汤色浅，近无色。采摘的茶叶细嫩而加工中又不用力，茶汤中缺乏内含物质所致。

②浅绿。汤色较浅，带绿色，是细嫩的名优绿茶所具有的汤色。

③嫩黄。汤色较浅，带黄色，是多雾高山细嫩绿茶、细嫩黄茶或名优绿茶所产生的色泽。

④黄绿。汤色绿中带黄，以绿为主，是中、高档绿茶所具有的汤色。

⑤绿亮。汤色绿而鲜亮，是高档绿茶所具有的汤色。

⑥嫩绿。汤色浅绿微黄，是名优绿茶所具有的汤色。

⑦嫩白。汤色浅，近无色，稍深于"浅白"，是名优绿茶和高档白茶所具有的汤色。

⑧蜜绿、蜜黄。汤色绿中透黄，如发酵程度极轻的台湾乌龙茶。其中"蜜黄"稍黄于"蜜绿"。根据黄橙与红色成分的增加（即发酵程度的加重）乌龙茶汤色的术语依次有"金黄""橙黄"和"橙红"。

⑨红艳。汤色红而鲜艳，金圈厚，似琥珀色，是高档红碎茶或发酵好的大叶种红茶所具有的汤色。

⑩红亮。汤色红而透明，有光泽，不如"红艳"鲜亮。

⑪红深。汤色红而深，缺乏光泽。

⑫红浓。汤色红而深厚，缺乏光泽，用于描述普洱茶的汤色。

2. 嗅香气

（1）**具体方法** 滤出茶汤或看完汤色后，应立即闻嗅香气。嗅香气时一手托住杯底，一手微微揭开杯盖，鼻子靠近杯沿轻嗅或深嗅。嗅香气一般分为热嗅、温嗅和冷嗅三个步骤，以仔细辨别香气的纯异、高低及持久程度。

热嗅是指一滤出茶汤或快速看完汤色即趁热闻嗅香气。此时最易辨别有无异气，如陈气、霉气及其他异气。随着温度下降，异气部分散发，同时嗅觉对异气的敏感度也下降，因此热嗅时应主要辨别香气是否纯正。

温嗅是指经过热嗅及看完汤色后再来闻嗅香气。此时茶杯温度下降，手感略温热。温嗅时香气不烫不凉，最易辨别香气的浓淡、高低，应细细地嗅，注意体会香气的浓淡、高低。

冷嗅是指经过温嗅及尝完滋味后再来闻嗅香气。此时茶杯温度已降至室温，手感已凉。冷嗅时应深深地嗅，仔细辨别是否仍有余香。如果此时仍有余香则为品质好的表现，即香气的持久程度好。

（2）**香气品评常用术语**

①鲜嫩、嫩香。是新鲜悦鼻、加工精湛的嫩茶所具有的香气，有点似煮熟的嫩玉米香。

②栗香。似栗子炒熟时散发的香气，是高山优质茶所具有的香气。

③清香。香气清纯柔和。香气虽不浓，但令人愉悦，是自然环境较好、加工好的茶叶所具有的香气。比清香稍低用"清纯""清正"表示。

④清高。清香高爽，久留鼻间，是茶叶较嫩、新鲜且制作工艺好的一种香气。

⑤清鲜。香气清纯鲜爽。

⑥清。香气清爽但稍感偏青。

⑦青气。带青草气，是绿茶加工"火候"不足、红茶发酵不足的表现。

⑧果香。似水果香型,如蜜桃香(白毫乌龙)、雪梨香、佛手香、橘子香(宜红)、桂圆香、苹果香等。

⑨足火。茶叶在加温干燥过程中,温度高、时间长、干度十足所产生的火香。

⑩高火。茶叶在加温干燥过程中,温度高、时间长、干度十足、略感"过火"所产生的火香。

⑪老火。干度十足,带轻微焦气的香气。

⑫焦气。干度十足,有严重的焦气,是次品茶的香气。

⑬甜香。香气中带有糖香,是高档红茶的典型香气。大叶种嫩度好的原料制成绿茶也会产生甜香。

⑭花香。在纯茶香气中闻到类似鲜花的香气,是茶树品种优良、生产环境优越、加工技术精湛的茶叶所具有的香气。

⑮毫香。是茸毛多的茶叶所具有的香气,特别是白茶。

⑯云香。是云南大叶种品系细嫩原料加工出来的绿茶所表现出来的特殊的优良香气。

⑰幽香。香气幽雅,缓慢而持久。

⑱蜜兰香。香气中甜香(似烤红薯香)夹带花香,是广东产的白叶工夫茶的特殊香气。

⑲陈香。茶叶后熟陈化后所产生的香气,一般指普洱茶特有的香气。

⑳欠纯。茶叶香气中夹带不是茶叶本身所具有的气味。

3. 尝滋味

(1)**具体方法** 尝滋味一般在看完汤色及温嗅后进行,茶汤温度在45~55℃之间较适宜。如果茶汤温度太高,则易使味觉烫后变麻木,不能准确辨别滋味;如果茶汤温度太低,则味觉的灵敏度较差,也影响滋味的正常评定。尝滋味时用汤匙从碗中取一匙约10毫升的茶汤，吸入口中后用舌头在口腔中循环打转；或用舌尖抵住上腭，上下齿咬住，从齿缝中吸气，使茶汤在口中回转翻滚，接触到舌头的前后左右各部分，全面地辨别茶汤的滋味。然后吐出茶汤，体会口中留有的余味。每尝完一碗茶汤，应将汤匙中的残留液倒尽，并在白开水中漂净，以免各碗茶汤间相互串味。品尝滋味时，主要体会滋味的浓淡、强弱、醇涩、鲜钝以及有无异味。

舌头各个部位的功能有细微区别：舌尖最易感受甜味；舌心对鲜味、涩味最敏感；舌侧前部对咸味较敏感，后部对酸味较敏感；舌根对苦味较敏感。

（2）滋味品评常用术语

①甘醇、甜醇。味道柔醇带甜，多用于高档红茶、绿茶。"甜醇"所表达的甜的程度稍重于"甘醇"。

②甘和。味道柔和带甜，刺激性弱。

③甘爽。味道带甜而爽口。

④和爽。味道柔和，刺激性弱但爽口。

⑤清爽。滋味清鲜爽口。

⑥醇爽。滋味稍带刺激性，口感柔和爽口。

⑦鲜醇。滋味稍带刺激性，口感柔和，鲜爽性好。

⑧甘润。感觉汤中内含物丰富但滋味柔和甘甜，是口感极好的表达术语。

⑨和淡。滋味柔和，但感觉内含物欠缺，滋味偏淡。

⑩青涩（生涩）。口感中带有青草气与涩味。

⑪生味。是杀青不足、干燥温度偏低的绿茶与发酵程度不足的红茶产生的滋味。

⑫火味。是干燥温度过高、部分内含成分碳化所产生的味道。

4. 看叶底

（1）**具体方法**　叶底是内质审评的最后一道步骤，在评完香气、汤色、滋味后将杯中的茶渣倒入盘中看。一般红茶、绿茶、黄茶等主要看其嫩度、匀度和色泽。

一般，芽的含量越多，嫩度越好；嫩叶含量多，老叶含量少，嫩度也好。

叶底的匀度是指叶的老嫩是否均匀，有无茶梗、茶末等茶类夹杂物及非茶类夹杂物。同时，绿茶看其有无红梗、红叶夹杂其中，红茶有无花青叶。应注意，匀度好不等于嫩度一定好。

叶底的色泽首先看是否具有该茶类应有的特征，然后看其明亮度、均匀度。如绿茶以嫩匀、嫩绿、明亮为好，老嫩不匀或粗老、枯暗花杂为差。

（2）**叶底品评常用术语**

①全芽。叶底全部由茶芽组成，无叶片。

②肥软。芽叶肥壮，叶肉厚实而柔软。与此接近的术语还有"肥厚嫩软""肥嫩"等，其中"肥厚嫩软"优于"肥嫩"，"肥嫩"优于"肥软"。

③幼嫩。一般指一芽一叶初展的芽叶。

④细嫩。芽所占的比重大，芽叶细小而嫩软。

⑤嫩软。芽叶有一定的嫩度，叶质柔软，多用于中档以上的茶。

⑥稍硬。芽叶生长到了一定的成熟度，木质化程度加深，叶质开始变硬。

⑦粗老。叶质变老，叶脉显露，手按之感觉粗糙，有弹性。

⑧粗硬。叶质变老、变硬，叶脉显露，手按之感觉粗糙而硬，有弹性。

第三章 ○

惊鸿掠影

香茗妙手赏神韵

茶艺的七要素包括选茶、择水、备器、冲泡、品饮、环境与人。茶艺是茶事与文化的结合体，是提高修养与文化的一种手段，是饮食风俗和品茶技艺的结晶。随着物质生活水平的不断提高，人们对精神生活的需求愈加彰显。茶艺正渐渐融入都市人的休闲生活，渐渐被大众了解、运用。人们从茶事中感受平和与宁静，享受茶所带来的怡然自得，体会人生的真谛。

第一节
好茶是如何泡出来的

一、优质泡茶用水

品茗用水的选择在茶艺实践中是十分重要的，古人对水的品格一直十分推崇。明代张大复在《梅花草堂笔谈》中说得更为透彻："茶性必发于水，八分之茶，遇水十分，茶亦十分矣；八分之水，试茶十分，茶只八分耳。"由此可见水对茶的重要性，泡茶水质的好坏直接影响到茶色、香、味的优劣。只有精茶与真水的融合，才是至高的享受、最高的境界。

神州大地，幅员辽阔，青山绿水之间，名泉如繁星闪烁。泉水或喷涌而出，汩汩外溢；或水雾弥漫，时淌时停。名泉水质甘美可口，历来被名人雅士竞相赞美（图3-1）。自古名泉伴佳茗，好茶配好水。中国地大物博，名泉众多，略数如下。

1. 庐山谷帘泉

又名三叠泉，在庐山主峰大汉阳峰南面康王谷中。谷帘泉四周山体多由砂岩组成，加之当地植被繁茂，下雨时，雨水通过植被，再慢慢沿着岩石节理向下渗透。最后，通过岩层裂缝，汇聚成一泓碧泉，从崖涧喷洒散飞，纷纷数十上百缕，款款落入潭中，形成"岩垂匹练千丝落"的壮丽景象。因水如垂帘，故又称为"水帘泉"或"水帘水"。人们普遍认为谷帘泉的泉水具有八大优点，即清、冷、香、柔、甘、净、不噎人、可预防疾病。

2. 镇江中泠泉

也叫中濡泉、南泠泉，位于江苏镇江金山寺外。据记载，以前泉水在江中，江水来自西方，受到石簰山和鹘山的阻挡，水势曲折转流，分为三泠（三泠为南泠、中泠、北泠），而泉水就在

图3-1 明 沈周 《魏国雅集图》

画中以山水为主。远处峰峦陡起，轻披薄雾；近处山顶与中部山腰，泉水飞流直下，汇成淙淙小溪；溪水旁有一小桥，岸畔置一茅亭。茅亭内，四人席地而坐，书童抱琴侍立一侧。山径上，一老者执杖而来。山上山下，草木葱茏，叶红似火的枫树点缀其间，为魏园增添了几分秀色。

中间一个水曲之下，故名"中冷泉"。因位置在金山的西南面，故又称"南冷泉"。因长江水深流急，故汲取不易。据传，取泉水需在正午之时将带盖的铜瓶用绳子放入泉中，之后迅速拉开盖子，才能汲到真正的泉水。中冷泉水宛如一条戏水白龙，自池底汹涌而出。泉水绿如翡翠，浓似琼浆，甘冽醇厚，特宜煎茶。

3. 北京玉泉

位于北京西郊玉泉山南麓。相传乾隆皇帝是有名的嗜茶皇帝，他每次巡视全国各地时都让属下带一只银斗称量各地的名泉水。经过评比，玉泉水的重量最轻且极其甘冽，所以赐封玉泉为"天下第一泉"。

4. 济南趵突泉

又名槛泉，位于济南市中心趵突泉公园。济南素以泉水多而著称，有"济南泉水甲天下"的美誉。趵突泉居济南"七十二名泉"之首，南倚千佛山，北靠大明湖。泉水昼夜喷涌，涌出时瀑突跳跃，其水势如鼎沸，状如白雪三堆，冬夏如一，蔚为奇观。前人赞美趵突泉有"倒喷三窟雪，散作一池珠"及"千年玉树波心立，万叠冰花浪里开"等佳句。趵突泉水清醇甘冽，烹茶甚为相宜。

5. 无锡惠山泉

位于江苏无锡惠山寺附近，原名漪澜泉。相传为唐代无锡县令敬澄派人开凿的，共两池，上池圆，下池方，故又称二泉。由于惠山泉水源于若冰洞，细流透过岩层裂缝，呈伏流汇集，遂成为泉。因此，泉水质轻而味甘，深受茶人赞许。

惠山泉盛名始于中唐，当时饮茶之风大兴，品茗艺术化，对水有更高的要求。据唐代张又新的《煎茶水记》载，最早评点惠山泉水品的是唐代刑部侍郎刘伯刍和"茶圣"陆羽，他们品评的宜茶范围不一，但都将惠山泉列为

"天下第二泉"。自此以后，历代名人学士都以惠山泉瀹茗为快。

6. 苏州虎丘寺石泉

位于苏州阊门外虎丘寺旁，此地不仅以天下名泉佳水著称于世，而且以风景秀丽闻名遐迩。据《苏州府志》记载，唐德宗贞元年间，"茶圣"陆羽寓居苏州虎丘，发现虎丘山泉甘醇可口，遂在虎丘山挖筑一井，在天下宜茶二十水品中，陆羽称"苏州虎丘寺石泉水，第五"。后人称其为"陆羽井"，又称"陆羽泉"。在虎丘期间，陆羽还用虎丘泉水栽培茶树。由于陆羽的提倡，苏州人饮茶成为习俗，百姓以此为营生，种茶亦为一业。虎丘寺石泉水在一口古石井里，井口大约有一丈见方，四壁垒以石块。井泉终年不涸，清冽甘醇，用来试茗，能保持茶清香醇厚的本色，又有甘甜鲜爽之美。

7. 宜昌扇子山蛤蟆泉

蛤蟆石在长江西陵峡东段。距湖北宜昌市西北25公里处，灯影峡之东，长江南岸扇子山山麓，有一呈椭圆形的巨石霍然挺出，从江中望去好似一只张口伸舌、鼓起大眼的蛤蟆，人们称之为蛤蟆石，又叫蛤蟆碚。在蛤蟆尾部山腹有一石穴，穴中有清泉，泠泠倾泻于"蛤蟆"的背脊和口鼻之间（因蛤蟆头朝北），漱玉喷珠，状如水帘，垂注入长江之中，名曰"蛤蟆泉"。泉洞石色绿润，岩穴幽深，其内积泉水成池，水色清碧，其味甘美。

8. 扬州大明寺泉

大明寺在江苏扬州市西北约4公里的蜀冈中峰上，东临观音山。因建于南朝宋大明年间而得名。隋代仁寿元年（601年）曾在寺内建栖灵塔，又称栖灵寺。这里曾是唐代高僧鉴真大师居住和讲学的地方，现寺为清同治年间重建。在大明寺山门两边的墙上对称地镶嵌着"淮东第一观"和"天下第五泉"十个大字，每字约一米见方，笔力遒劲。

著名的"天下第五泉"即在寺内的西花园里。西花园原名"芳圃"，相传为清乾隆十六年（1751年）皇帝下江南到扬州欣赏风景的一个御花园，向以山林野趣著称。唐代陆羽在沿长江南北访茶品泉期间，实地品鉴过大明寺泉，将其列为"天下第十二佳水"。唐代另一位品泉家刘伯刍却将扬州大明寺泉水评为"天下第五泉"。于是，扬州大明寺泉水就以"天下第五泉"扬名于世。大明寺泉，水味醇厚，最宜烹茶。

9. 杭州虎跑泉

虎跑泉在浙江省杭州市西南大慈山白鹤峰下慧禅寺（俗称虎跑寺）侧院内，距市区约5公里。虎跑泉石壁上刻着"虎跑泉"三个大字，功力深厚，笔锋苍劲，出自西蜀书法家谭道一的手迹。相传，唐元和十四年（819年）高僧性空来此，见这里风景灵秀，便住了下来。后来，因为附近没有水源，他准备迁往别处。一夜，忽然梦见神人告诉他说："南岳有一童子泉，当遣二虎将其搬到这里来。"第二天，他果然看见二虎跑（刨）地作地穴，清澈的泉水随即涌出，故将其命名为虎跑泉。"虎移泉眼至南岳童子，历百千万劫留此真源。"这副虎跑寺楹联写的也是这个神话故事。

10. 杭州龙井泉

龙井泉地处杭州西湖西南，位于南高峰与天马山间的龙泓涧上游的风篁岭上，又名龙泓泉、龙湫泉。其为一圆形泉池，环以精工雕刻的云状石栏。泉池后壁砌以垒石，泉水从垒石下的石隙涓涓流出，汇集于龙井泉池，尔后通过泉下方通道注入玉泓池，再跌宕下泻，成为风篁岭下的淙淙溪流。

龙井泉属岩溶裂隙泉，四周多为石灰岩层构成，并由西向东南方倾斜，而龙井正处在倾斜面的东北端，有利于地下水顺岩层向龙井方向汇集。同时，龙井泉又处在一条有利于补给地下水的断层破碎带上，从而构成了终年不涸的龙井清泉，且水味甘醇，清明如镜。名泉伴佳茗，好茶配好水，实在是件美事。如今，"龙井问茶"已刻成碑，立于龙井泉和龙井寺的入口处，龙井茶室已成了游客的绝妙去处。

二、泡茶用水的分类

泡茶用水按其来源，可分为泉水（山水）、溪水、江水（河水）、湖水、井水、雨水、雪水、露水、自来水、纯净水、矿泉水、蒸馏水等。水的硬度单位是"度"，每升水含10毫克的氧化钙（或碳酸钙）称为1度。按其硬度分类：软水为硬度在8度以下的水；中等软水为硬度在8~16度之间的水；中等硬水为硬度在16~25度之间的水；硬水为硬度大于25度的水。

饮茶与水是密不可分的，好的水质要达到的基本指标如下。

（1）**感官指标**　色度不超过15度，即无异色；浑浊度不超过5度，即水呈透明状，不浑浊；无异常的气味和味道；不含有肉眼可见物，使人有清洁感。

（2）**化学指标**　茶汤pH为6.5~7.5。pH降至6以下时，水的酸性太大，汤色变淡；pH高于7.5呈碱性时，茶汤变黑。

我国规定饮用水的硬度不得超过25度。水的硬度是反映水中矿物质含量的指标，它分为碳酸盐硬度及非碳酸盐硬度两种。前者在煮沸时产生碳酸钙、碳酸镁等沉淀，因此煮沸后水的硬度会改变，故亦称暂时硬度，这种水称为"暂时硬水"；后者在煮沸时无沉淀产生，水的硬度不变，故亦称永久硬度，这种水称为"永久硬水"。水的硬度会影响茶叶成分的浸出率。软水中溶质含量较低，茶叶成分浸出率高；硬水中矿物质含量高，茶叶成分的浸出率低。实验表明，采用软水泡茶，茶汤明亮，香味鲜爽，其色、香、味俱佳；用硬水泡茶，则茶汤之色、香、味大减，茶汤发暗，滋味发涩。如果水质呈较大的碱性或含有铁质，茶汤就会发黑，滋味苦涩，无法饮用。高档名茶如果用硬水沏泡，茶味受损更重。

水中氯离子浓度应不超过每升0.5毫克，否则有不良气味，茶的香气会受到很大影响。水中氯离子多时，可先将水晾放一夜，然后烧水时保持沸腾2~3分钟。

水中氯化钠的含量应在每升200毫克以下，否则咸味明显，对茶汤的滋味有干扰。铁浓度应不超过每升0.3毫克，锰不超过每升0.1毫克，否则茶叶汤色变黑，甚至水面浮起一层"锈油"。

（3）**微生物学指标**　水一旦遭到微生物污染，就可造成传染病的暴发。理想的饮用水不应含有已知致病性微生物。生活饮用水的微生物指标为细菌总数≤100CFU/mL（或MPN/mL），大肠菌群不得检出。

（4）**毒理学指标**　生活饮用水中如果含有化学物质，长期饮用就会引起健康问题，特别是蓄积性毒物和致癌物质的危害会更大。生活饮用水的卫生标准中，对微生物指标、毒理指标、感官性状和一般化学指标、放射性指标及消毒剂常规指标等作出限值规定。

三、泡茶用水的选择与优化

1. 古人泡茶用水的要求

最早也是最经典地论及茶与水质关系的是"茶圣"陆羽的《茶经》（图3-2）。其后，宋徽宗在其茶著《大观茶论》中则将沏茶用水总结为："水以清、轻、甘、洁为美。"这些经验总结基本已被现代科学实验证明为正确。下面先就水质的"清、轻、活"及水味的"甘、冽"分别论述。

（1）**清（烹茶用水第一要）**　水质的"清"是相对"浊"而言的。用水应当质地洁净、无污染，这是生活中的常识。沏茶用水尤应洁净，古人要求水"澄之不清，挠之不浊"。水不洁净则茶汤浑浊，难以入眼。水质清洁无杂质，透明无色，方能显出茶之本色。

图3-2 宋伯轩 《陆羽鉴水》

（2）**轻（烹茶用水第二要）** 水质的"轻"是相对"重"而言的。古人总结为：好水"质地轻，浮于上"，劣水"质地重，沉于下"。清代人更因此以水的轻重来鉴别水质的优劣，并将其作为评水的标准。古人所说水之"轻、重"类似今人所说的"软水、硬水"。

（3）**活（烹茶用水第三要）** "活水"是相对"死水"而言的，要求水"有源有流"，不是静止水。煎茶的水要活，陆羽在其著作《茶经》中就强调过，后人亦有深刻的认识。明代田艺蘅《煮泉小品》亦说："泉不活者，食之有害。"这些总结很有科学道理，不流动的水容易滋生各种微生物，同时蚊虫也在其中产卵，喝了这样的水当然对身体有害。

（4）**甘（烹茶用水第四要）** "甘"是指水含口中有甜美感，无咸苦感。宋徽宗《大观茶论》谓："水以清、轻、甘、洁为美，轻、甘乃水之自然，独为难得。"水味有甘甜、苦涩之别，一般人均能体味。硬水中含矿物质盐较多，而这些矿物质盐通常会使水品尝起来有咸或苦的感觉，所以一般味道甘甜的水多是软水。

（5）冽（烹茶用水第五要）　"冽"则是指水含口中有清冷感。水的冷冽也是煎茶用水所要讲究的。古人认为水"不寒则性燥，而味必啬"，啬者，涩也。明代田艺蘅说："泉不难于清，而难于寒。其濑峻流驶而清，岩奥阴积而寒者，亦非佳品。"泉清而冷冽，证明该泉系从地表之深层沁出，所以水质好。这样的冽泉与"岩奥阴积而寒者"有本质的不同，后者大多是滞留在阴暗山潭中的"死水"，不是活水，经常饮用对人不利。

2. 现代人泡茶用水的选择

（1）天然水

①泉水、溪水。属陆羽《茶经》中的"山水"类。茶有淡而悠远的清香，泉有缓而汩汩的清流，两者都远离尘嚣而孕育于青山秀谷，融于大自然的怀抱中。茶性洁，泉性纯，这都是历代文人雅士们孜孜以求的品性（图3-3）。

②天落水。包括雪水、雨水、朝露水，也称天泉水、无根水。在天然水中，雨、雪等天落水还是比较纯洁的，虽然它们在降落过程中会溶入少量的

**图3-3　明　陈洪绶　《隐居十六观》
　　　　（谱泉）**

唐代"茶圣"陆羽品天下可烹茶之水，在他所撰的《茶经》中说："其水，用山水上，江水中，井水下。其山水，拣乳泉石池漫流者上，其瀑涌湍漱勿食之。"文人将"谱泉"视作雅事。寻一道好水，烹一道好茶，须得时间与心力，汲泉煮茗，是文人之雅事。

氮、氧、二氧化碳、尘埃和细菌等，但其含盐量很小，因此硬度也很低，是天然软水。古人素喜用天落水烹茶，谓其质清且轻，味甘而冽，是上佳沏茶用水。现代研究也表明，在大气无污染的情况下，天落水是很好的天然纯净水，于人身心有益。

雪水、雨水、朝露水在古代被称为"天泉"，尤其是雪水，更为古人所推崇。从曹雪芹在《红楼梦》第41回"栊翠庵茶品梅花雪"中描述妙玉取用隔年雨水和多年梅花上的雪水沏茶的场面，就可见古人对烹茶用雨、雪水的讲究。这里提到的梅花雪水是指当梅花盛开时，将落于梅花花瓣上的雪，以洁净鹅毛从花瓣上扫下，贮入小陶罐，密封罐口，深埋于花树旁的土中，隔年后取出用以泡茶。

③江、河、湖水。属陆羽《茶经》中的"江水"类。江、河、湖水属地表水，含杂质较多，软硬度难测，浑浊度较高。一般说来，不宜直接用来沏茶，须经澄清后用。但在远离人烟和植被生长繁茂之地，污染物较少，这样的江、河、湖水不失为沏茶好水，如浙江桐庐的富春江水、淳安的新安江水、绍兴的鉴湖水。

④井水。井水属地下水，但多为浅层地下水，富含矿物质，水的硬度一般较高。城市井水很容易受周围环境污染，水质较差，用来沏茶有损茶味。至于深井之水，由于耐水层的保护，不易被污染，同时过滤距离远，悬浮物含量少，水质洁净。

（2）人工处理水

①自来水。现代人喝茶用自来水居多，自来水中含有用来消毒的氯气，氯化物与茶中的多酚类作用，会使茶汤表面形成一层"锈油"，喝起来有苦涩味。因此，如果用自来水沏茶，应注意以下三个问题。

第一，最好避免一早接水，因为夜间用水较少，自来水在水管中停留时间较长，会含有较多的铁离子或其他杂质。如果晨起就接水，最好适当放掉一些水后再接水饮用。

第二，最好用无污染的容器，接水后先贮存一天，待氯气散发后再煮沸沏茶，或者采用净水器将水净化后再用来沏茶。

第三，北方地区的自来水一般硬度较高，不适合沏泡高档名茶（可选用天然水或纯净水），但对成熟度较高的茶叶影响较小。

②纯净水。纯净水是指采用多种纯化技术把水中所有的杂质和矿物质都去掉的水，其纯度很高，硬度几乎为零，是纯软水。pH值一般在5~7之间，下限值甚至低于酸雨污染的指标（为5.6），大部分的纯净水pH值在6.5以下，属弱酸性。

③矿物质水。矿物质水属人工合成水（也称仿矿泉水），其生产流程是在纯净水的基础上加入适量的人工矿物质盐试剂。

（3）泡茶用水的处理

①过滤法。购置理想的滤水器，将自来水过滤后再来冲泡茶叶。

②澄清法。将水先盛在陶缸或无异味、干净的容器中，经过一昼夜的澄清和挥发，水质就较理想，可以冲泡茶叶。

③煮沸法。自来水煮开后，将壶盖打开，让水中消毒药物的味道挥发掉，使水没有异味，这样泡茶较为理想。

泡茶用水在茶艺中是一个重要的部分，它不仅要符合物质之理、自然之理，还包含着中国茶人对大自然的认知和高雅的审美情趣。

第二节
冲泡技巧

一、泡茶要素解析

茶叶中的化学成分是组成茶叶色、香、味的物质基础，其中多数能在冲泡过程中溶解于水，从而形成了茶汤的色泽、香气和滋味。泡茶时，应根据不同茶类的特点，调整水的温度、浸润时间和茶叶用量，从而使茶的香味、色泽、滋味得以充分发挥。综合起来，泡好一壶茶主要有四个技术要点：第一是茶叶用量，第二是冲泡水温，第三是冲泡时间，第四是冲泡次数。

1. 茶叶用量

茶叶用量就是一杯或一壶茶中放入茶叶的分量。泡好一杯茶或一壶茶，首先要掌握茶叶用量。每次茶叶的用量，并没有统一标准，主要根据茶叶种类、茶具大小以及消费者的饮用习惯而定。一般而言，水多茶少，滋味淡薄；茶多水少，茶汤苦涩不爽。因此，细嫩的茶叶用量要多，较粗的茶叶用量可少些。

冲泡普通的红、绿茶类（包括花茶），茶与水的比例大致掌握在50~60毫升水冲泡1克茶。若饮用云南普洱茶，则需放茶叶5~10克。如用茶壶，则按容量大小适当掌握。乌龙茶因习惯浓饮，注重品味和闻香，故要汤少味浓，用茶量以茶叶与茶壶比例来确定，投茶量大致是茶壶容积的三分之一至二分之一，甚至更多。

茶叶的用量还与饮茶者的年龄、性别有关。一般来说，中老年人比年轻人饮茶要浓，男性比女性饮茶要浓。如果饮茶者是老茶客或是体力劳动者，则可以适量加大茶量；如果饮茶者是新茶客或是脑力劳动者，则可以适量少放一些茶叶。

2. 冲泡水温

据测定，用60℃的开水冲泡茶叶，与等量100℃的水冲泡茶叶相比，在时间和用茶量相同的情况下，前者茶汤中的茶汁浸出物含量只有后者的45%~65%。这就是说，冲泡茶的水温高，茶汁就容易浸出，茶汤的滋味也就浓；冲泡茶的水温低，茶汁浸出速度慢，茶汤的滋味也相对淡。"冷水泡茶慢慢浓"，说的就是这个意思。

泡茶水温的高低与茶的老嫩、松紧、大小有关。一般来说，粗老、紧实、整叶的茶叶原料比细嫩、松散、碎叶的茶叶原料，茶汁浸出要慢得多，所以冲泡水温要高。

水温的高低还与冲泡的茶叶品种有关。具体说来，冲泡绿茶一般用80℃左右的水为宜，名优绿茶用75℃左右的水冲泡即可。冲泡红茶一般用90℃左右的水。冲泡乌龙茶和普洱茶则要用100℃的沸水冲泡。

判断水的温度可先用温度计和计时器测量，等掌握之后就可凭经验来断定了。当然，所有的泡茶用水都得煮开，以自然降温的方式来达到控温的效果。

3. 冲泡时间

茶叶冲泡时间差异很大，与茶叶种类、泡茶水温、用茶数量和饮茶习惯等都有关。具体说来，不同茶叶冲泡的时间要求为：普通红茶、绿茶的冲泡时间是30~50秒；黄茶和白茶的冲泡时间是50~75秒；乌龙茶的第一泡冲泡时间是1分钟左右，从第二泡起，每次比前一次多浸泡15秒左右。

茶的滋味是随着时间延长而逐渐增浓的。据测定，用沸水泡茶，首先浸泡出来的是咖啡碱、维生素、氨基酸等。大约到3分钟时浸出物浓度最佳，这时饮用，茶汤有鲜爽醇和之感，但缺少饮茶者需要的刺激味。随着时间的延续，茶多酚等浸出物含量逐渐增加。因此，为了获取一杯鲜爽甘醇的茶汤，改良冲泡法是（主要指绿茶）：将茶叶放入杯中后，先倒入少量开水，以浸没茶叶为度，加盖3分钟左右，再加开水到七八成满，便可趁热饮用。当喝到杯中尚余三分之一左右茶汤时，再加开水，这样可使前后茶汤浓度比较均匀。

另外，冲泡时间还与茶叶老嫩和茶的形态有关。一般说来，凡原料较细嫩、茶叶松散的，冲泡时间可相对缩短；相反，原料较粗老、茶叶紧实的，冲泡时间可相对延长。

4. 冲泡次数

一般茶冲泡第一次时，茶中的可溶性物质能浸出50%～55%；冲泡第二次时，能浸出30%左右；冲泡第三次时，能浸出约10%；冲泡第四次时，只能浸出2%～3%。所以，通常以冲泡三次为宜。

如饮用颗粒细小、揉捻充分的红碎茶和绿碎茶，由于这类茶的内含成分很容易被沸水浸出，一般都是冲泡一次就将茶渣滤去，不再重泡。速溶茶也是采用一次冲泡法，条形绿茶、花茶通常只能冲泡2～3次。黄茶一般可根据不同茶的特点冲泡一次或者两次。品饮乌龙茶多用小型紫砂壶，在用茶量较多时（约半壶）的情况下，可连续冲泡4～6次。普洱茶非常耐泡，一般可以冲泡10多次，甚至更多。

冲泡技巧除去以上四个技术要点外，还要注意不同茶类的适饮性。茶类不同，茶性也不同。家庭购茶既可根据家庭成员的个人喜好，也可根据各成员的身体状况，还可根据季节结合不同的茶性，选购不同的茶类。

一般认为绿茶是凉性的，而且绿茶中的营养成分，如维生素、叶绿素、茶多酚、氨基酸等物质是所有茶中含量最丰富的。绿茶味较苦涩，特别是大叶种绿茶富含茶多酚和咖啡碱，对胃有一定的刺激性，肠胃较弱的人应少喝或冲泡时茶少水多，使滋味稍淡而减少刺激性。在炎热的夏季，可以泡上一杯清爽的绿茶，使人仿佛置身在绿意盎然的春季，暑意顿消。红茶和熟普洱被认为是温性的，对于肠胃较弱的人，在寒冷的冬季泡上一杯香甜红艳的红茶或熟普洱，会让整个人感觉暖暖的。花茶较适宜妇女饮用，它有疏肝解郁、理气调经的功效。

二、泡茶要领

泡茶是用开水浸泡成品茶，使茶中可溶物质溶解于水，成为茶汤的过程。泡茶是一门综合艺术，不仅要有广博的茶文化知识和对茶艺内涵的深刻理解，而且要具有相应的文化素养，深谙各地的风土人情。泡茶要坚持长时间的有效训练，否则，纵然有佳茗在手，也无缘领略其真味。泡茶要注意"神""美""质""匀""巧"等要诀。

1. 神

茶艺的精神内涵是茶艺的生命，贯穿于整个沏泡过程中。沏泡者的脸部所显露的神态、状态等，可以表现出不同的境界，对他人的感染力也就不同。它反映了沏泡者对茶道精神的领悟程度，若要成为一名茶艺高手，"神"是最重要的衡量标准。"神"是茶艺的生命。

2. 美

茶的沏泡艺术之美表现为仪表美与心灵美。仪表是沏泡者的外表，包括容貌、姿态、风度等；心灵是指沏泡者的内心、精神、思想等，在整个泡茶过程中通过沏泡者的设计、动作和眼神表达出来。沏泡者始终要有条不紊地进行各种操作，双手配合，忙闲均匀，动作优雅自如，使主客都全神贯注于茶的沏泡及品饮之中，忘却俗务缠身的烦恼，以茶修身养性，陶冶情操。

"美"是茶艺的核心。

3. 质

品茶的目的是欣赏茶的品质。一人静思独饮，数人围坐共饮，乃至大型茶会，人们对茶的色、香、味、形要求甚高，总希望品饮到一杯平时难得的好茶。沏泡者要泡好一杯茶，应努力以茶配境、以茶配具、以茶配水、以茶配艺，要把前面论述的内容融会贯通地运用。例如，绿茶的特点是"干茶绿、汤色绿、叶底绿"，沏泡时使"三绿"完美显现，就是茶艺的根本。"质"是茶艺的根本。

4. 匀

茶汤浓度均匀是沏泡技艺的功力所在。评价一款茶沏泡水平高的重要标准，就是第一泡、第二泡、第三泡茶的汤色、香气和滋味最接近。将茶的自然科学知识和人文科学知识全融合在茶汤之中，实质上就是比"匀"的功夫。用同一种茶叶冲泡，要想每杯茶汤的浓度均匀一致，就必须凭肉眼能准确控制茶与水的比例，使茶汤不至于过浓或过淡。一杯茶汤，要求容器上下茶汤浓度均匀，如将一次冲泡改为两次冲泡就会有较好的效果；在调节三道茶的"匀"度时，善于利用茶的各种物质溶出速度比例的差异，从冲泡时间上调整。"匀"是茶艺的功夫。

5. 巧

能否巧妙运用沏泡技艺可以看出沏泡者的水平高低。沏泡者只有反复实践、不断总结才能提高，从而从单纯模仿转为自我创新。在各种茶艺表演中，更要具有随机应变、临场发挥的能力，从"巧"字上做文章。"巧"是茶艺的水平。

三、冲泡基本程序

冲泡是茶艺要素中最关键的环节，能否把茶叶的最佳状态表现出来，全看冲泡的技巧掌握得如何。

冲泡不同的茶叶要使用不同的茶具，其冲泡程序也不相同，一般有以下几个基本程序。

1. 备具

根据将要冲泡的茶叶，布置好相应的茶具。

2. 煮水

根据茶叶品种，将水加温煮至所需温度。

3. 备茶

从茶罐中取适量茶叶至茶则（荷）中备用。如果选用的是外形美观的名茶，可让品茗者先欣赏茶叶的外形和闻干茶香。如不需赏茶，也可以从茶罐中取茶直接入壶（杯）。

4. 温壶（杯、盏）

将开水注入茶壶、茶杯或茶盏中，以提高茶壶、茶杯或茶盏的温度，同时使茶具得到再次清洁。

5. 置茶

将待冲泡的茶叶置入茶壶、茶杯或茶盏中。

6. 冲泡

将温度适宜的开水注入。如果冲泡重发酵或茶形紧结的茶类（如乌龙茶等），第一次冲水数秒钟就将茶汤倒掉，称为温润泡，即让茶叶有一个舒展的过程，然后将开水再次注入壶中，待适时后，即可将茶汤倒出。

7. 奉茶

将盛有香茗的茶杯奉到品茗者面前，一般应双手奉茶，以示敬意。

8. 收具

品茶结束后，应将茶杯收回，壶（杯、盏）中的茶渣倒出，将所有茶具清洁后归位。

四、冲泡手法

1. 浸润泡与"凤凰三点头"

泡茶动作中，浸润泡和"凤凰三点头"是泡茶技和艺结合的典型，多用于冲泡绿茶、红茶、黄茶、白茶中的高档茶。采用杯泡法冲泡较细嫩的高档名优茶时，大多采用两次冲泡法，也叫分段冲泡法。

第一次称为浸润泡，用旋转法，即按逆时针方向冲水，用水量大致为杯容量的三分之一；有时还可以用手握杯，轻轻摇动，时间一般控制在15秒左右（又称"摇香"），目的在于使茶叶在杯中翻滚，在水中浸润，使芽叶舒展。这样，一则可使茶汁容易浸出；二则可以使品茶者在茶的香气挥发之前能闻到茶的真香。

第二次冲泡一般采用"凤凰三点头"，冲泡时由低向高连拉三次，并使杯中水量恰到好处。采用这种手法泡茶，其意有三：一是使品茶者欣赏到茶在杯中上下浮动，犹如凤凰展翅的美姿；二是使茶汤上下左右回旋，使杯中茶汤均匀一致；三是表示沏泡者向品茶者"三鞠躬"，以示对品茶者的礼貌与尊重。作为一个泡茶高手，使用"凤凰三点头"的手法可使杯中的水量正好控制在七分满，留下三分作空间，叫作"七分茶，三分情"。

2. 高冲与低斟

一般情况下，采用壶泡法泡茶，提水壶冲茶的落水点宜高不宜低。这对冲泡乌龙茶来说尤为重要。冲茶时，须将水壶提高使沸水环壶口、缘壶边冲入，避免直冲壶心，而且要做到注水不断也不急促。这种冲点茶的方式，谓之"高冲"（图3-4）。

图3-4　高冲

采用高冲法有三大优点：一是能使茶在壶（或杯）中上下翻动旋转，吸水均匀，有利于茶汁浸出；二是使热力直冲壶底，随着水流的单向巡回和上下翻旋，茶汤中的茶汁浓度相对一致；三是使首次冲入的沸水，随着茶的旋转与翻滚，以及叶片的舒展，去除茶中附着的尘埃和杂质。

茶叶经高冲法冲点后，就要适时进行分茶，也称为洒茶或斟茶，就是将茶壶中的茶汤斟到各个茶杯中。分茶时，提茶壶宜低不宜高，以略高于茶杯口沿为度，而后再一一将茶壶中的茶汤倒入各个茶杯，这叫"低斟"（图3-5）。这样做的目的有三：一是避免因高斟而使茶香飘散，从而提高杯中香味；二是避免因高斟而使茶汤泡沫泛起，从而利于茶汤的美观；三是避免因高斟而使分茶时发出"嘀嘀"的高噪声，从而营造泡茶气氛。

图3-5　低斟

总之，高冲和低斟是指泡茶程序中的两个动作，前者是指泡茶时要提高水壶的位置，使水流从高处冲入茶壶；后者是指分（斟）茶时，要放低茶壶的位置，使茶汤从低处进入茶杯。这是茶人长期泡茶经验的总结，是泡茶中不可忽视的两道程序。

3. "老茶壶泡，嫩茶杯泡"和"内外夹攻"

对一些鲜叶原料相对较为粗大的中、低档大宗红茶、绿茶、乌龙茶、普洱茶等而言，它们纤维素多，茶汁不易浸出，耐冲泡；或者是出于保香出味的需要用茶壶泡茶，保温性能好，更有利于发挥茶性。用茶壶去冲泡细嫩名优茶，因用水量大，水温不易下降，会焖熟茶叶，使细嫩茶的叶底、茶汤变色，茶香变钝，并失去鲜爽味。因此，细嫩名优茶应用玻璃杯或无盖的瓷杯泡茶，有利于茶性的透发。其次，大宗红茶、绿茶、乌龙茶、普洱茶等外形缺少观赏性，茶姿也缺乏可看性，用壶泡比较适宜。所以，茶界历来有"老茶壶泡，嫩茶杯泡"之说。

至于"内外夹攻"一说也与茶的原料老嫩有关。最典型的是乌龙茶，其原料较成熟，通常采用茶壶泡茶。为提高水温，泡茶用水需现烧现泡，泡茶后马上加盖保温；接下来用开水淋壶，淋遍茶壶外壁追热。这一冲泡程序就叫作"内外夹攻"。其目的有二：一是保持茶壶中的茶、水有足够温度，使之透香出味；二是清除茶壶外的茶末，以清洁茶壶。尤其是在冬季冲泡乌龙茶时，更应如此。

4. 下投法、上投法和中投法

所谓下投法泡茶，是指取适量茶叶置入茶壶（盏），然后将适量的开水高冲入杯，泡成一杯浓淡适宜、鲜爽可口的香茗（图3-6）。采用下投法泡茶操作

图3-6 下投法

比较简单，茶叶舒展较快，茶汁容易浸出，茶香透发完全。因此，下投法有利于提高茶汤的色、香、味，常为茶艺界所采用。

图3-7　上投法

对一部分条索比较紧结、匀齐的细嫩名茶，如细嫩的碧螺春、径山茶、蒙顶甘露等，则采用上投法泡茶。其方法是先在杯中冲上开水至七分满，再取适量茶叶投入盛有开水的茶杯中（图3-7）。它与下投法相比，投茶与冲水的次序正好相反。用上投法泡茶，可避免因开水温度太高而对茶汤和茶态的不利影响。但对于松散型或毛峰类茶叶，采用此法会使茶叶浮在汤面。同时，采用上投法泡茶，短时间内杯中茶汤浓度会上下不一，茶的香气也不容易透发。因此，品饮时最好先轻轻摇动茶杯，使茶汤浓度上下均匀，茶香得以透发。茶艺馆采用上投法泡茶时，应向茶客说清其意，以增添品茶情趣。

另外，泡茶用水温度偏高时还可采用中投法泡茶，如沏泡都匀毛尖等。其方法是先冲上少许开水，然后投入适量茶叶，接着再用低斟法加水至七分满（图3-8）。中投法其实就是两次分段法泡茶，它在一定程度上解决了泡茶水温偏高带来的弊端。

图3-8　中投法

五、经典泡茶程式解析

1. 绿茶行茶法

（1）绿茶基本行茶法（生活茶艺）

①备具。长方形茶盘1个，无刻花透明玻璃杯（根据品茶人数而定），茶叶罐1个，茶荷1个，茶道组1套，茶巾1块，随手泡1套，特级明前西湖龙井茶12克。

②布具。用右手提茶壶置茶盘外右侧桌面，双手将茶叶罐放至茶盘外左侧桌面，将茶荷及茶道组端至身前桌面左侧，将茶巾叠好放至身前桌面上。

③赏茶。从茶道组中取出茶匙，用茶匙从茶叶罐中轻拨取适量明前西湖龙井茶入茶荷，供客人欣赏干茶外形、色泽及香气。根据需要可用简短的语言介绍一下将要冲泡的茶叶品质特征和文化背景，以引发品茶者的情趣。

因绿茶（尤其是名优绿茶）干茶细嫩易碎，因此从茶叶罐中取茶入茶荷时应用茶匙轻轻拨取，或轻轻转动茶叶罐，将茶叶倒出。禁用茶则盛取，以免折断干茶。

④翻杯润具。从左至右用双手将事先扣放在茶盘上的玻璃杯逐个翻转过来一字摆开，或呈弧形排放，依次倾入三分之一杯的开水。然后从左侧开始，右手捏住杯身，左手托杯底，轻轻旋转杯身，将杯中的开水依次倒掉。当面润杯清洁茶具既是对客人的礼貌，又可以让玻璃杯预热，避免正式冲泡时炸裂。

⑤置茶。用茶匙将茶荷中的茶叶一一拨入杯中待泡（下投法），每50毫升容量用茶1克。

⑥温润、摇香。用回转斟水法将随手泡中适度的开水倾入杯中，注入量为茶杯容量的四分之一左右，水温80℃左右。注意开水不要直接浇在茶叶上，应打在玻璃杯的内壁上，以避免烫坏茶叶。端起玻璃杯回转三圈，摇香

后可供客人闻香。此泡时间掌握在15秒以内。

⑦冲水。执随手泡以"凤凰三点头"高冲注水，使玻璃杯中的茶叶上下翻滚。这有助于茶叶内含物质浸出，茶汤浓度达到上下一致。一般冲水入杯至七成满为宜。对于绿茶，此步骤需保持条形的整齐优美；对于太平猴魁，则不采取高冲注水，而是采用沿杯壁缓缓倾入的方法。

⑧奉茶。右手轻握杯身（注意不要捏杯口），左手托杯底，双手将茶送到客人的面前，放在方便客人品饮的位置。茶放好后，向客人伸出右手，做出"请"的手势，或说"请品茶"。

⑨品茶。品茶应先闻香，后赏茶观色，欣赏茶汤澄清碧绿、芽叶嫩匀成朵、旗枪交错、上下浮动的景象。再细细品啜，品味其茶香鲜爽、滋味甘醇，回味变化过程的韵味。

⑩收具。把其他用具收入茶盘，收具完备。

（2）玻璃杯龙井茶茶艺（表演茶艺）

①器皿准备。玻璃杯4只，白瓷壶1把，随手泡1套，茶叶罐1个，茶道组1套，茶盘1个，茶匙1个，香炉1个，香1支，茶巾1条，特级狮峰龙井茶12克。

②基本程序。基本程序有十二道，如图3-9~图3-20所示。

第一道，点香——焚香除妄念。即通过点香来营造一个祥和肃穆的气氛，并达到驱除妄念、心平气和的目的。

第二道，洗杯——冰心去凡尘。当着各位客人的面把本来就干净的玻璃杯再烫洗一遍，以示对客人的尊敬。

第三道，凉汤——玉壶养太和。狮峰龙井茶芽极其细嫩，若直接用开水冲泡就会烫熟茶芽造成熟汤而失味，所以要先把开水注入瓷壶中养一会儿，待水温降到80℃左右时再用来冲茶。

第四道，投茶——清宫迎佳人。即用茶匙把茶叶拨入玻璃杯中。

第五道，润茶——甘露润莲心。即向杯中注入约三分之一的热水，起到润茶的作用。

第六道，冲水——凤凰三点头。冲泡讲究高难度冲水技法，在冲水时使水壶有节奏地三起三落而水流不断。这种冲水的技法称为"凤凰三点头"，寓意着凤凰再三对客人点头致意。

第七道，泡茶——碧玉沉清江。冲水后，龙井茶吸收水分逐渐舒展开来并慢慢沉入杯底，称为"碧玉沉清江"。

第八道，奉茶——观音捧玉瓶。茶艺服务员向宾客奉茶，意在祝福客人平安。

第九道，赏茶——春波展旗枪。杯中的热水如春波荡漾，在热水的浸泡下，龙井茶的茶芽慢慢地舒展开来，尖尖的茶芽如枪，展开的叶片如旗。一芽一叶称为"旗枪"，一芽两叶称为"雀舌"。展开的茶芽簇立在杯底，在清碧澄净的水中上下浮沉或左右晃动，宛如春兰初绽，又似有生命的精灵在舞蹈。

第十道，闻茶——心悟绿茶香。龙井茶有四绝：色绿、形美、香郁、味醇。品龙井茶要一看、二闻、三品味。

第十一道，品茶——淡然回至味。品饮龙井茶极有讲究，清代陆廷灿的《续茶经》中有："真者甘香而不冽……采于谷雨前者尤佳，啜之淡然，似乎无味，饮过后，觉有一种太和之气，弥沦于齿颊之间，此无味之味，乃至味也。"此道程序要慢慢啜，细细品，让龙井茶的太和之气沁人肺腑。

第十二道，谢茶——自斟乐无穷。请客人自斟自酌，通过亲自动手，从茶事活动中修身养性，品味人生的无穷乐趣。

图3-9　点香

图3-10　洗杯

图3-11　凉汤

图3-12　投茶

图3-13　润茶

图3-14　冲水

图3-15 泡茶

图3-16 奉茶

图3-17 赏茶

图3-18 闻茶

图3-19 品茶

图3-20 谢茶

2. 白茶行茶法

（1）盖碗基本行茶法（生活茶艺）

白茶、绿茶、黄茶可用盖碗沏泡。

①备具。长方形茶盘1个，盖碗（根据品茶人数而定），茶叶罐1个，茶荷1个，茶道组1套，茶巾1块，随手泡1套。

②布具。取出茶壶放在茶盘外右侧桌面，再分别将茶道组、茶叶罐和茶荷放在茶盘外左侧桌面，将茶巾叠好放于身前桌面上，把盖碗匀称地摆放在茶盘上。

③赏茶。从茶道组中取出茶匙，用茶匙从茶叶罐中轻轻拨取适量茶叶入茶荷，供客人欣赏干茶外形、色泽及香气。

④洁具。将盖碗一字摆开，掀开碗盖。右手将碗盖稍加倾斜地盖在茶碗上，双手持碗身，双手拇指按住盖钮，轻轻旋转盖碗三圈，将洗杯水从盖和碗身之间的缝隙中倒出。将盖碗放回茶托上，右手再次将碗盖掀开，斜搁于茶托右侧，其余盖碗按同样的方法进行清洁。洁具的同时达到温热茶具的目的，冲泡时减少茶汤的温度变化。

⑤投茶。左手持茶荷，右手拿茶匙，将干茶依次拨入盖碗中待泡。通常，一只普通盖碗放入4克左右干茶即可。

⑥冲水。用水温在80℃左右的开水高冲入盖碗，水柱不要直接落在茶叶上，应落在盖碗的内壁上，冲水量以七八成满为宜。冲入水后，迅速将碗盖稍加倾斜地盖在茶碗上，使盖沿与碗沿之间有一空隙，避免将盖碗中的茶叶焖黄泡熟。

⑦奉茶。双手持茶托，礼貌地将茶奉给客人。

⑧品茶。右手将茶托端交于左手，右手揭盖闻香，持盖向外拨去浮叶，观色，双手端至嘴处小口啜饮，慢慢细品。

⑨收具。将其余器具收拾到盘中撤回。

（2）白茶茶艺（表演茶艺）

①器皿准备。盖碗2个，品茗杯1个，公道杯1个，随手泡1套，茶道组1套，茶巾1条，福鼎白毫银针6克。

②基本程序。共有十道程序，如图3-21～图3-28所示。

第一道，洁具，明礼备器。

第二道，赏茶，芳草叙情。

第三道，投茶，落英缤纷。

第四道，冲水，清弘润泽。

第五道，泡茶，芙蓉花开。

第六道，奉茶，佳茗敬客（奉茶时，主泡和副泡微笑致意）。

第七道，闻香，芝兰香满。

第八道，品茗，甘露润喉。

第九道，回味，宁静致远。

第十道，谢茶。

图3-21 洁具

图3-22 赏茶

图3-23　投茶

图3-24　冲水

图3-25　泡茶

图3-26　奉茶

图3-27　闻香，品茶

图3-28　谢茶

3. 乌龙茶行茶法

紫砂壶主要适合乌龙茶、红茶和黑茶等茶品的沏泡。

（1）紫砂壶基本行茶法（生活茶艺）

①备具。茶盘1个，茶道组1套，品茗杯4个，闻香杯4个，茶垫（托）4个，公道杯1个，紫砂壶1把，盖置1个，滤网1个，茶叶罐1个，茶巾1块，随手泡1套。

②布具。将茶道组、茶叶罐分别放在茶盘的右侧，茶垫放在茶盘的左上角，品茗杯、闻香杯反扣放至茶盘右侧摆放整齐，公道杯、紫砂壶、盖置、滤网放在身前茶盘上。将茶巾叠好放在身前桌面上，将随手泡放在茶盘左侧桌面居中位置。

③摆放茶垫。将茶垫摆放在茶盘前方桌面上，注意茶垫上图案或字迹正面朝向客人。

④翻杯。将倒扣的闻香杯、品茗杯依次翻转过来一字排开放在茶盘上。

⑤温润器具。先温壶，使稍后放入茶叶热水冲泡时不致冷热悬殊。再温洗公道杯、滤网等。

⑥欣赏茶叶。用茶则盛茶叶，请客人赏茶。

⑦置茶。将茶轻置壶中，斟酌茶叶的紧结程度，茶叶用量为壶容量的三分之一至二分之一。

⑧温润泡。小壶所用的茶叶多半是球形的半发酵茶，故先温润泡，将紧结的茶球泡松，可使未来的每泡茶汤保持同样的浓淡。将温润泡的茶汤注入公道杯，然后再分别注入品茗杯中。

⑨温杯。温杯的目的在于提升杯子的温度，使杯底留有茶的余香，温润泡的茶汤一般不饮用。

⑩冲水。第一泡茶冲水，用随手泡向壶中冲入沸水，冲水要一气呵成，

不可断续，并掌握好泡茶时间。

⑪斟茶。浓淡适度的茶汤斟入公道杯中，再分别倒入客人面前的闻香杯中。每位客人皆斟七分满。

⑫品茶。为客人演示，将品茗杯倒扣在闻香杯上翻转过来并置于茶垫上，轻轻旋转将闻香杯提起，闻香品茗。

（2）乌龙茶茶艺（表演茶艺）

①器皿准备。茶盘1个，闻香杯和品茗杯各4个，茶垫4个，紫砂壶1把，随手泡1套，茶叶罐1个，茶道组1套，茶巾1条，安溪铁观音12克。

②基本程序。基本程序有二十道，如图3-29～图3-44所示。

第一道，恭迎嘉宾。首先介绍茶具。茶道组包括：茶则，用来盛茶叶；茶匙，协助茶则将茶叶拨至壶中；茶夹，用来夹闻香杯和品茗杯；茶漏，放置壶口防止茶叶外溢；茶针，当壶嘴被茶叶堵住时用来疏通；茶仓，用来盛装茶叶。还包括茶垫、闻香杯、品茗杯、茶海、盖置、紫砂壶、滤网、随手泡。

第二道，摆放茶垫。茶垫用来放闻香杯和品茗杯。

第三道，孔雀开屏。翻杯，高的是闻香杯，用来嗅闻茶汤的香气；矮的是品茗杯，用来品尝茶汤的味道。

第四道，孟臣温暖。温壶，先温壶是因为稍后放入茶叶热水冲泡时，不致冷热悬殊。然后温盅，温滤网。

第五道，精品鉴赏。用茶则盛茶叶，赏茶。

第六道，佳茗入宫。将茶轻置壶中，斟酌茶叶的紧结程度，茶叶用量为壶容量的三分之一至二分之一。

第七道，润泽香茗。小壶所用的茶叶多半是球形的半发酵茶，故先温润泡，将紧结的茶球泡松，可使未来的每泡茶汤保持同样的浓淡。

第八道，荷塘飘香。将温润泡的茶汤倒入茶海中，茶海虽小，但茶汤注入则茶香拂面，能去昏昧、清精神、破烦恼。

第九道，旋律高雅。第一泡茶冲水，左手微微提起，缓缓以顺时针方向注水。泡茶要有顺序，动作要高雅，若左手则顺时针斟水，若右手则逆时针斟水，犹如音乐的旋律，画出高雅的弧线，表现出韵律的动感。

第十道，沐淋瓯杯。温杯的目的在于提升杯子的温度，使杯底留有茶的余香，温润泡的茶汤一般不饮用。

第十一道，茶熟香温。斟茶，将浓淡适度的茶汤斟入茶海中，再分别倒入客人的杯中，可使每位客人杯中的茶汤浓淡相同，故茶海又名公道杯。

第十二道，茶海慈航。分茶入杯，每位客人皆斟七分满，倒的是同一把壶中泡出的同浓淡的茶汤，如观音普度，众生平等。

第十三道，敬奉香茶。用双手连同茶垫一起端起奉送至客人面前，伸出右手以示"请用茶"。

第十四道，热汤过桥。左手拿起闻香杯，旋转将茶汤倒入品茗杯中。

第十五道，幽谷芬芳。闻香，高口的闻香杯底如同开满百花的幽谷，随着温度逐渐降低，散发出不同的芬芳，有高温香、中温香、冷香，值得细细体会。

第十六道，杯中观色。右手端起品茗杯，观赏汤色。好茶的茶汤清澈明亮，从翠绿、蜜绿到金黄，观之令人赏心悦目。

第十七道，听味品趣。品茶，啜下一小口茶。茶艺之美包含了精神层面和物质层面，即感官的享受和人文的满足。所以品茶时要专注，眼、耳、鼻、舌、身、意全方位地投入。

　　第十八道，品味再三。一杯茶分三口以上慢慢细品，饮尽杯中茶，小口慢慢喝，用心体会茶的美。

　　第十九道，和静清神。静坐回味，品趣无穷，喝完茶后进入宁静、愉悦、无忧的禅境。

　　第二十道，谢茶。做茶完毕，表示感谢。

图3-29　介绍茶具

图3-30　翻杯

图3-31　温具

图3-32　赏茶

图3-33　置茶

图3-34　润茶

图3-35　冲水

图3-36　斟茶

图3-37　分茶

图3-38　敬茶

图3-39　双手翻杯

图3-40　闻香

图3-41　观色

图3-42　品茗

图3-43　回味

图3-44　谢茶

4. 红茶行茶法

（1）红茶基本行茶法（生活茶艺）

选用瓷壶为主茶具，瓷壶适合各类茶品的沏泡。基本步骤如图3-45～图3-51所示。

①备具。长方形茶盘1个，瓷质茶壶1把，茶杯4个，配套杯碟4个，茶叶罐1个，茶道组1套，茶巾1块，随手泡1套，云南滇红12克。

②布具。随手泡端放在茶盘右侧桌面，茶道组端放至茶盘左侧桌面上，茶叶罐捧至茶盘左侧桌面，茶巾放至身前桌面上，瓷壶摆放在茶盘下半部分居中位置，4个茶杯均放在茶盘上半部分位置。

③翻杯润具。从左至右逐一将反扣的品茗杯翻转过来；再将壶盖放置茶盘上，左手持茶巾，右手提开水壶，用初沸之水注入瓷壶及杯中，为壶、杯升温。

④置茶。将茶匙从茶道组中取出，用茶匙从茶叶罐中拨取适量整叶红茶入壶中。

⑤悬壶高冲。以回转低斟高冲法斟水，使茶充分浸润。

⑥分茶。分茶，第一杯倒二分满，第二杯倒四分满，第三杯倒六分满，第四杯倒至七八分满。再回转分茶，将每杯都斟至七八分满。

⑦奉茶。可采取双手或单手从正面、左侧、右侧奉茶，奉茶后留下茶壶，以备第二次冲泡。

⑧收具。将其余器具收到盘中。

图3-45　布具

图3-46　翻杯润具

图3-47　置茶

图3-48　悬壶高冲

图3-49　分茶

图3-50　奉茶

图3-51　收具

（2）瓷壶红茶茶艺（表演茶艺）

①器皿准备。瓷壶1把，品茗杯4个，杯托4个，盖置1个，随手泡1套，茶叶罐1个，茶道组1套，茶盘1个，香1支，香炉1个，滇红茶适量。

②基本程序。基本程序有十二道。

第一道，焚香净室。品茶之前要净化空气，营造高雅的氛围。

第二道，问候嘉宾。

第三道，介绍茶具。包括紫檀六用（茶道组）、茶垫、茶仓（茶叶罐）、茶盘、品茗杯、盖置、瓷壶、随手泡。

第四道，孔雀开屏。将杯托自左向右一字摆放，翻杯，将品茗杯依次放置在杯托上。

第五道，温壶净杯。先温壶是因为稍后放入茶叶热水冲泡时不致冷热悬殊。

第六道，鉴赏佳茗。用茶则盛茶叶，请客人赏茶。

第七道，明珠入宫。将茶叶拨至壶中，茶叶要根据选用壶具的大小适量放置。

第八道，悬壶高冲。将随手泡中的开水注入瓷壶中。

第九道，介绍茶叶。将茶叶的名称、产地及特点介绍给客人。

第十道，敬献香茗。此时茶已泡好，茶味最佳。将茶倒至品茗杯中，双手端起杯托送至客人面前，请客人细品香茗。

第十一道，评点江山。对所沏泡的优质红茶品味赞赏。

第十二道，静坐回味。做茶完毕，表示感谢。

六、调饮茶茶艺

1. 调饮茶的历史

调饮茶是古人在长期实践中积累的智慧结晶，目前在世界上广泛流传，深受喜爱。相传，三国时期蜀国大将张飞率兵巡视武陵时，有大量士兵中暑。当地群众献上用生米、生茶叶、生姜捣碎后和盐一起冲饮的"三生茶"，饮后暑疫尽消。

唐代以前的饮茶方法大多是用蒸青团饼茶碾碎后煮饮，现代砖茶的饮用仍保持此熬煮方法。如蒙古族和维吾尔族同胞饮用的"奶茶"，藏族和纳西族同胞饮用的"酥油茶"，都已成为其日常必需品。在海拔3000米以上的青藏高原，空气稀薄，寒风凛冽，喝上一杯酥油茶，使人感到全身温暖，精神振奋。

在数千年的饮茶历史中，饮用方法是经过多次改良变革的。最早为羹饮，在茶汤中添加葱、姜、盐、奶酪等配料加以调制。现代在茶汤里添加薄荷、柠檬、牛奶、白糖、枸杞、菊花等配料，都是以饮为主。

2. 调饮茶的文化内涵

每一道调饮茶均有一定的意境和文化内涵，如创于清朝乾隆年间的宫廷三清茶，历史悠久的维吾尔族甜茶、咸奶茶，蕴含着人生哲理的白族三道茶，反映我国各地传统饮茶文化的元宝茶、立夏茶、夏至茶等。"元宝茶"

反映了江南的风俗，过年时给客人敬茶，在茶碗中先投入2～3克名优绿茶，再把两个青橄榄放入茶碗中表示新春祝福之意，加吉语曰"奉元宝茶"。元宝茶不仅寓意深刻，而且营养丰富。

3. 调饮茶的配制要求

第一，有显著的茶味。

第二，有一至数种性质相宜的配料。

第三，每种茶料均有明确的数量规定。

第四，有合理的操作程序。

第五，有科学的泡饮方法，包括时间、温度、茶汤的颜色。

第六，具有可口的茶汤和一定的意境与情趣。

调制中注意配料应与茶的颜色相接近，以免混合后茶汤产生浑浊。如红茶在口感上略带"涩"，因此添加的水果应选择较为酸甜的种类，使水果和红茶混合，取得口感上的平衡。

4. 调饮茶的冲泡原则

第一，调饮茶的冲泡方法参照基本茶类冲泡法。现代调饮茶多以红茶为主，滇红因其香气高扬、滋味醇厚成为首选。

第二，茶具选配合理得当。一般选择玻璃、瓷质茶具为宜。

第三，果茶、奶茶的茶叶用量要科学合理，冲泡冰茶类的茶叶用量应加倍，以保证有较浓的茶味。

第四，调制冰奶茶须添加奶、奶酪、冰块等，茶叶冲泡后应放进冰柜冷却，这样不易使茶结块或呈豆腐花状。

5. 红茶调饮制作方法

中国的绿茶、黄茶、白茶、黑茶、青茶、红茶六大基本茶类中，红茶最宜制作调饮茶。在红茶茶汤中加入蜂蜜、牛奶、柠檬等制成红茶饮品，使得红茶茶汤滋味更加丰富，情趣盎然。关于茶品的选择，一般以滇红茶为首选。下面介绍几种红茶调饮制作方法。

（1）蜂蜜红茶

①材料。红茶2~5克、蜂蜜。

②制作过程。冲泡红茶将茶汤倒入玻璃杯中，稍冷却至40~60℃。将蜂蜜放入茶汤中，用勺搅拌均匀，即可饮用。蜂蜜用量依个人口感而定，喜欢甜味可加2~3勺蜂蜜，若不喜欢太甜加一勺就好。按此方法可冲泡出一杯可口的蜂蜜红茶，汤色红亮剔透，口感香醇甜美。

③功效。蜂蜜红茶饮用后，有助于润滑肠道，改善胃动力。

（2）牛奶红茶

①材料。红茶2~5克、纯牛奶100毫升。

②制作过程。首先备好茶汤，纯牛奶适当加热，倒入茶汤中，搅拌均匀。一般300毫升茶汤搭配100毫升牛奶的口感较为清甜，也可根据个人口感增减牛奶量。若感觉甜度不够，可在牛奶红茶中加入白砂糖，搅拌均匀即可饮用。另外，在牛奶红茶里滴入几滴柠檬汁，这样既有红茶的清香，又有牛奶的醇和，还有柠檬汁的鲜美，深受青年人喜爱。

③功效。牛奶红茶可补充身体能量，缓解疲劳。

（3）柠檬红茶

①材料。红茶2~5克、新鲜柠檬汁、冰糖。

②制作过程。将茶汤倒入杯中，滴入新鲜柠檬汁。若加入柠檬汁的量过大，口感过酸，可放入一些冰糖，搅拌使冰糖迅速溶化，即可饮用。

③功效。饮用柠檬红茶有助于生津止渴、祛暑消热、提振精神。

（4）玫瑰红茶

①材料。红茶2~5克、干玫瑰花（或干玫瑰花瓣）。

②制作过程。选择色泽看起来正常，不过分鲜艳也不很干枯发暗的干玫瑰花。干玫瑰花用85～95℃的热水冲泡，静置5～10分钟，倒入事先备好的红茶茶汤中，搅拌均匀即可饮用。

③功效。玫瑰花可美容养颜，与红茶混合后，茶汤中既有玫瑰的花香又有红茶的香甜，味道可口。

（5）薄荷红茶

①材料。红茶2～5克、新鲜薄荷叶。

②制作过程。摘取新鲜的薄荷叶，洗净备用，在100毫升沸水中加入3～5片，泡3～5分钟后取出薄荷水。将薄荷水倒入茶汤中（可根据个人口感偏好调整调饮比例，若要茶汤中薄荷味浓，就倒入三分之二的薄荷水；若是要茶汤清新些，就倒入三分之一的薄荷水），用勺搅拌均匀即可饮用。也可以在薄荷红茶中加入冰块，使薄荷红茶口感更加清凉可口。

③功效。薄荷红茶有助于消暑解热、提振精神，夏天饮用清爽甜美。

（6）生姜红茶

①材料。红茶2～5克、生姜、冰糖。

②制作过程。生姜洗净，切成薄片。150毫升沸水中放入4～5片生姜，泡3～5分钟后将姜汤倒入茶汤，加入3～5颗冰糖（生姜味道较辛辣，放入冰糖可降低辛辣味），搅拌至冰糖溶化即可饮用。

③功效。生姜性温，经常喝一杯生姜红茶有助于驱寒强体、养颜健胃，尤其适合女性饮用。

第三节

品茗的妙趣

一、品茗原理

品茶与喝茶不同。喝茶主要是为了解渴，满足生理上的需要。品茶则是为了追求精神上的满足，重在意境。将品茶视为一种艺术欣赏，要细细品味，徐徐体察，从茶汤美妙的色、香、味、形中得到审美的愉悦，引发联想，从不同角度抒发自己的情感。

1. 品茗步骤

一般来说，茶汤品饮可以分为三个步骤：一是闻香，二是观色，三是品味。

（1）**闻香** 嗅闻茶汤散发出来的香气。好茶的香气自然、纯真，闻之沁人心脾，令人陶醉。不同的茶叶具有不同的香气，泡成茶汤后会出现清香、果味香、花香等，仔细辨认，趣味无穷。

（2）**观色** 观色主要是观察茶汤的颜色和茶叶的形态。冲泡后，茶叶几乎恢复到自然状态，汤色也由浅转深，晶莹澄清。各类茶叶，各具特色，即使同类茶叶也有不同的颜色。

茶叶的形状也是千差万别，各有风致。特别是一些名优绿茶，嫩度高，加工考究，芽叶成朵，在碧绿的茶汤中徐徐伸展，亭亭玉立，婀娜多姿，令人赏心悦目。有的茶叶芽头肥壮，芽叶在水中上下浮沉，最后簇立于杯底，犹如枪戟林立，使人好像回到茶林之中，重沐茶乡春光。

（3）**品味** 闻香和观色之后，就可品尝茶汤的滋味了。与茶的香气一样，茶的滋味也是复杂多样的。不管何种茶叶泡出来的茶汤，初入口时都有或浓或淡的苦涩味，但咽下之后很快就口里回甘，韵味无穷。这是茶叶的化学成分刺激口腔各部位感觉器官（其中最主要的是舌头）的作用。

茶汤入口之后，舌面上的味蕾受到各种呈味物质的刺激而产生兴奋波，经由神经传导到中枢神经，经大脑综合分析后产生不同的滋味感。舌头各部位的味蕾对不同滋味的感受是不一样的，如舌尖易感受甜味，舌心对鲜味最敏感，近舌根部位易辨别苦味。所以，茶汤入口后不要立即下咽，而要在口腔中停留，使之在舌头的各部位打转，充分感受茶中的甜、酸、鲜、苦、涩五味，这样才能充分品尝茶汤的美妙滋味。

2. 茶的色、香、味形成原理

（1）**茶色的形成**　从茶叶的品质优劣而言，各种茶类都各有应具备的色泽。茶叶色泽包括干茶的色泽和茶汤的色泽。

（2）**茶香的形成**　茶叶香气由一群比较复杂的芳香物质形成，不同种类的芳香物质综合起来形成了各种茶类的香气特征。目前在茶叶中已鉴定出500多种挥发性香气化合物，这些不同香气化合物的不同比例和组合构成了各种茶叶的特殊香味。虽然它们的含量不多，只占鲜叶重的0.03%～0.05%，制成绿茶或红茶后分别占干茶重的0.005%～0.01%和0.01%～0.03%，但对决定茶叶品质具有十分重要的作用。

通过大量的化学分析，人们已经可以从香气组成和香味特征中找到一些规律。如顺-3-己烯醇及其酯类化合物与清香有关，α-苯乙醇、香叶醇与清爽的铃兰香有关，茉莉内酯、橙花叔醇类与果香有关，吲哚与清苦沉闷的气味有关，吡嗪类、吡咯类和呋喃类化合物与焦糖香及烘炒香有关，正己醛、3-己烯醛和青草味有关。这些芳香物质种类的组成与量的不同，形成了千变万化、多种多样的茶叶香气。

（3）**茶味的形成**　茶叶的滋味是茶叶中化学成分的含量和人的感觉器官对它的综合反应协同作用的结果。茶叶中有甜、酸、苦、鲜、涩各种呈味物质。多种氨基酸是鲜味的主要成分，大部分氨基酸鲜中带甜，有的鲜中带酸；茶叶中涩味物质是多酚类化合物；茶叶中的甜味物质主要有可溶性糖和部分氨基酸；苦味物质主要有咖啡碱、花青素和茶皂素；酸味物质主要是多种有机酸。

二、品茗方法

品茶是特殊的生活艺术享受，是对丰富的内涵和美的追求。品茶的内容除了包括观赏泡茶技艺外，还包括鉴赏茶的外形、汤色、香气、滋味，以及领略茶的风韵、欣赏品茶环境、鉴赏茶具等方面，这些都可称为品茶技艺，亦可称为品茶之道。

通过规范的泡茶程序，可得到一杯香茗。但要想真正享受这杯茶汤的真香灵味，则还要讲究正确的品饮方法。适当的品茗方法不仅可以满足人们生理上的需要，更可以获得精神上的满足。唐代诗人皎然在《饮茶歌诮崔石使君》中就描写了他在品茶时的美妙感受："一饮涤昏寐，情来朗爽满天地。再饮清我神，忽如飞雨洒轻尘。三饮便得道，何须苦心破烦恼。"唐代卢仝的《走笔谢孟谏议寄新茶》中也描写了喝七碗茶的不同感受，都是典型的例子。或许一开始品茶未必能达到他们那种境界，但只要注重品饮艺术，不断提高对茶叶的鉴赏能力，也可以从品茗中获得真趣。那么，一杯茶汤在手，应该如何去品尝与欣赏呢？不同的茶类在品饮方法上各有不同。

1. 绿茶的品饮

（1）**绿茶茶色的形成**　绿茶的绿色主要由叶绿素的颜色决定。绿茶干茶的绿色主要决定于茶叶中的叶绿素和某些黄酮类化合物。叶绿素包括叶绿素a

和叶绿素b等，其中叶绿素a是一种深绿色的化合物，叶绿素b是一种黄绿色的化合物，这两种叶绿素的不同比例就构成了干茶不同的绿色，所以干茶有嫩绿、翠绿、黄绿以及乌绿之分。绿茶的干茶色泽基本要求是翠绿。

优质绿茶的茶汤色泽应是清澈明亮的淡黄色。叶绿素是非水溶性化合物，茶汤中的绿色成分经科学研究证明是黄酮类物质。正因为如此，所以绿茶的茶汤一般呈黄绿色。在各种绿茶中蒸青茶显得最绿，这是因为蒸青茶的工艺中是先用高温的蒸汽将茶叶的叶绿素固定下来，使得这种绿色得以保存。绿茶在贮藏过程中如果受了潮，叶绿素被水解，就变得不绿了。绿茶加工过程中有时鲜叶中含水分较多，如果不能很快散失，炒出的茶叶色泽就往往呈灰绿色。

（2）**绿茶茶香的形成**　在绿茶中已鉴定出有230多种香气化合物，其中醇类化合物和吡嗪化合物最多，前者是在鲜叶中存在的，后者是在茶叶加工过程中形成的。炒青绿茶中高沸点香气成分如香叶醇、苯甲醇等占有较大比重，同时吡嗪类、吡咯类物质含量也很高；蒸青绿茶中鲜爽型的芳樟醇及其氧化物含量较高，还具有青草气味的低沸点化合物，如青叶醇含量比炒青绿茶要高，因此香气醇和持久。不同的茶类具有不同的特征性香气，如龙井茶中吡嗪类化合物、羧酸和内酯类物质含量高，因此香气幽雅；碧螺春茶叶中戊烯醇含量很高，因此具有明显的清香；黄山毛峰茶中牻牛儿醇含量很高，因此具有果香。

（3）**绿茶茶味的形成**　绿茶滋味最重要的标准是浓醇清鲜，绿茶的鲜与醇是各种呈味物质综合反应的主体，特别是醇度。在所有的茶汤呈味物质中，没有一种滋味是显示"醇"的。醇是茶多酚和氨基酸含量比例协调的结果，鲜主要是氨基酸的反应。两者协调，醇鲜自生。一般，春茶中的氨基酸明显高于夏、秋茶，因此春茶制成的绿茶与夏、秋茶相比，往往具有明显的清鲜味。夏、秋茶具有强烈的苦涩味，就是因为春茶中氨基酸含量高，茶多酚含量相对较低，夏、秋茶中氨基酸含量低，而茶多酚含量高。

（4）**品饮名优绿茶方法**　冲泡前先欣赏干茶的色、香、形。名优绿茶的形状因品种而异，或条状，或扁平，或螺旋形，或若针状等；其色泽，或碧绿，或深绿，或黄绿，或白里透绿等；其香气，或奶油香，或板栗香，或清香等。冲泡时，倘若采用透明玻璃杯，则可观察茶在水中缓慢舒展，游弋沉浮，这种富于变幻的动态，茶人称为"茶舞"。冲泡后，则可端杯（碗）闻香，此时汤面冉冉上升的雾气中夹杂着缕缕茶香，犹如云蒸霞蔚，使人心旷神怡。接着是观察茶汤颜色，或黄绿碧清，或淡绿微黄，或乳白微绿。隔杯对着阳光透视茶汤，还可见到有微细茸毫在水中游弋，闪闪发光，此乃是细嫩名优绿茶的一大特色。而后，端杯小口品啜，尝茶汤滋味，缓慢吞咽，让茶汤与舌头味蕾充分接触，可领略到名优绿茶的风味；若舌和鼻并用，还可从茶汤中品出嫩茶香气，有沁人肺腑之感。品尝头泡茶，重在品尝名优绿茶的鲜味和茶香；品尝二泡茶，重在品尝名优绿茶的回味和甘醇；至于三泡茶，一般茶叶已淡，仅能尝到茶味而已。

2. 红茶的品饮

（1）**红茶茶色的形成**　红茶干茶的色泽常呈黑褐色，有乌润感，不是正统的红色。它之所以被命名为红茶，是指茶汤的汤色。红茶茶汤要求红艳明亮，这种红色来自鲜叶的茶多酚。红茶在制茶工序中有一个发酵过程，实际上是一个氧化过程，其氧化产物的主要成分是茶黄素、茶红素和茶褐素。茶黄素呈橙黄色，是决定茶汤明亮度的主要成分；茶红素呈红色，是形成红茶红艳汤色的主要成分；茶褐素呈暗褐色，是造成红茶汤色发暗的主要成分。茶黄素和茶红素的不同比例就构成了红茶不同色泽的明亮程度。茶褐素含量高，红茶汤色就会暗淡，使得红茶品质下降。

（2）红茶茶香的形成　红茶在加工过程中的生物化学变化最为复杂，目前已鉴定出400多种香气化合物，如中国祁红以玫瑰花香和浓厚的木香为特征，因为它含有较大量的香叶醇、苯甲醇和2-苯乙醇；而斯里兰卡的高地茶以清爽的铃兰花香和甜润浓厚的茉莉花香为特征，这是因为它含有高浓度的芳樟醇、茉莉内酯、茉莉酮酸甲酯等化合物。

（3）红茶茶味的形成　红茶的滋味中，工夫茶以浓、醇、鲜、爽为主，红碎茶以浓强、鲜爽为主，辅之以收敛性、醇厚、鲜强等，以区分红茶等级及类别。茶叶中的儿茶素类化合物、茶黄素是红茶滋味最重要的化合物。"浓"主要取决于水浸出物含量，而"强""鲜"主要决定于咖啡碱、茶黄素和氨基酸的适当比例。红茶中的茶黄素和咖啡碱相结合，再加上一定量的氨基酸，便产生了滋味浓强而鲜爽的红茶。

（4）品饮名优红茶方法　红茶的迷人之处在于色泽黑褐油润，香气浓郁带甜，滋味浓厚，汤色红艳透黄，叶底嫩匀红亮。更重要的是，红茶性情温和，能和多种调味品相互融合，相映生辉。因此，红茶既可采用清饮，也可采用调饮。

清饮红茶的品饮重在领略它的香气和滋味。端杯开饮前，要先闻其香，再观其色，然后才是尝味。鲜美清高的香气，红艳油润的汤色，浓强鲜爽的滋味，让人有美不胜收之感。不过，这种精神享受需要品饮者在"品"字上下功夫，缓缓斟饮，细细品吸，徐徐体味，超然自得，"吃"出茶的真味，享受清饮红茶的这种妙趣。

调饮红茶的品饮重在领略它的香气和滋味。即使在茶汤中加入多种其他调料，茶汤依然十分顺口。尤其是一些名优红茶，香气和滋味不会轻易被混淆。因此，品饮调饮红茶时应先闻香，至于对香和味的要求，则须看加什么调料而定。

3. 乌龙茶的品饮

（1）**乌龙茶茶色的形成** 乌龙茶的干茶通常为青褐色，茶汤呈黄红色。这是因为乌龙茶属于半发酵茶，其中茶多酚的氧化程度较轻，因此茶黄素和茶红素的含量都较低，茶褐素很少。乌龙茶有不同发酵程度，如包种茶，其成茶色泽和汤色偏向于绿茶；而发酵较重的白毫乌龙茶，氧化产物较多，因此成茶色泽和汤色偏向于红茶。

（2）**乌龙茶茶香的形成** 乌龙茶的香气以花香突出为特点。福建生产的铁观音、水仙，与台湾文山包种、北埔生产的白毫乌龙茶在香气组成上有明显的差别。前者橙花叔醇、沉香醇、茉莉内酯和吲哚含量较高，而后者萜烯醇、水杨酸甲酯、苯乙醇等化合物含量较高。

（3）**乌龙茶茶味的形成** 乌龙茶其味甘浓，无绿茶之苦，乏红茶之涩，制作精细，综合了红、绿茶初制的工艺特点。乌龙茶兼有红茶之甜醇、绿茶之清香，其浓香和鲜爽的回味是其他茶类所不具备的。

（4）**品饮名优乌龙茶方法** 品饮乌龙茶时，可用右手拇指和食指捏住品茗杯口沿，中指托住茶杯底部，雅称"三龙护鼎"。手心朝内，手背向外，缓缓提起茶杯，先观汤色，再闻其香，后品其味，一般是三口见底。如此，"三口方知其味，三番才能动心"。饮毕，再闻杯底余香。

品饮乌龙茶强调热饮，用小壶高温冲泡，品茗杯则小如胡桃。每壶泡好的茶汤，需刚好够在场茶友一人一杯，要继续品饮，则即冲泡即品饮，这样每一杯茶汤在品饮时都是烫口的。品饮乌龙茶因杯小、香浓、汤热，故饮后杯中仍有余香，这是一种更深沉、更浓烈的香韵，"嗅杯底香"就源于此。

品饮台湾乌龙茶时，略有不同。泡好的茶汤首先倒入闻香杯，品饮时要先将闻香杯中的茶汤旋转倒入品茗杯，嗅闻香杯中的热香，再以"三龙护鼎"的方式端品茗杯观色，接着即可小口啜饮。三口饮毕，再持闻香杯寻杯底冷香，留香越久，则表明这种乌龙茶的品质越佳。

品饮乌龙茶时很讲究舌品，通常是啜入一口茶水后，用口吸气，让茶汤在舌的两端来回滚动而发出声音，让舌的各个部位充分感受茶汤的滋味，而后徐徐咽下，慢慢体味颊齿留香的感觉。

4. 白茶的品饮

白茶的品饮方法较为独特，这是因为白茶在加工时未经揉捻，茶汁不易浸出，所以冲泡时间较长。冲泡开始时，芽叶都浮在水面，经五六分钟后才有部分茶芽沉落杯底。此时茶芽条条挺立，上下交错，犹如雨后春笋。此时端杯，边观赏，边闻香，边尝味。如此品茶，意趣盎然。

5. 黄茶的品饮

黄茶中以君山银针的品饮最具代表性。君山银针为单芽制作，在品饮过程中突出对杯中茶芽的欣赏。刚冲泡的君山银针是横卧水面的，然后茶芽吸水下沉，芽尖产生气泡，犹如雀舌含珠；继而茶芽个个直立杯中，似春笋出土，如刀枪林立；接着沉入杯底的直立茶芽，少数在芽尖气泡的浮力作用下再次浮升。如此上下沉浮，使人不由得联想起此景犹如人生，经历几起几落。一缕白雾从杯中冉冉升起，缓缓消失，端起茶杯，顿觉清香袭鼻，闻香之后品茶尝味。君山银针的茶汤口感醇和、鲜爽、甘甜，别有一番滋味在心头。

6. 黑茶的品饮

黑茶的品饮重在寻香探色，为了更好地观赏茶汤，一般选用白瓷或玻璃透明品茗杯。先观汤色，而后闻香，最后品啜。如果是陈年的普洱茶，则应在品饮的过程中去细细体味经长期贮存而形成的"陈香"，其内香潜发，味醇甘滑，正是陈年普洱茶特殊的品质风格。黑茶是微生物发酵的渥堆紧压茶，这类茶具有典型的陈香味，萜烯醇类（如芳樟醇及其氧化物、α-萜品醇、橙花叔醇）含量高。

7. 花茶的品饮

花茶既保持了原有茶叶的味，又吸收了花的香，相互交融，有"引花香，益茶味"之说，重在寻味探香。冲泡花茶，一般选用盖碗。冲泡前，可欣赏花茶的外观形状，闻干茶的香气。冲泡后，左手端杯，右手拇指和中指捏住盖钮，食指抵住钮面，向内翻转碗盖，闻盖香。而后赏茶汤，看茶叶在水中飘舞、沉浮。最后用碗盖轻轻将汤面的浮叶拨开，并斜盖于碗口，从碗盖与碗沿的缝隙中啜饮。品饮时，让茶汤在口中稍事停留，以口吸气与鼻呼气相结合的方式使茶汤在舌面上来回往返流动，充分与味蕾接触。如此一两次，再徐徐咽下，即会感受到颊齿留香，精神愉悦。一饮后，茶碗中留下三分之一的茶汤，续水两次，再三次，高档的花茶可以冲七八次水仍有余香。

需要说明的是，花茶中除了极品茶可以欣赏茶形外，一般花茶的品饮只要抓住闻香和品香就可以了。至于花茶的茶汤，因在窨花过程中茶坯在吸香的同时，也吸收了一定的水分，会使茶汤颜色发生一定的变化，所以一般不对花茶的色泽有过高的要求。

三、茶点选配

在饮茶的过程中，人们往往选择一款或多款茶点，既适时补充了营养，又增添了品茗的趣味。适宜的茶点与茶相配已成为茶席中的重要元素。

茶点是在茶的品饮过程中发展起来的一类点心。茶点精致美观，口味多样，形小、量少、质优，品种丰富，是佐茶食品的主体。茶点既可果腹，又为呈味载体。它有着丰富的内涵，在漫长的发展过程中形成了许多花样不同的茶点类型与风格各异的茶点品种。在茶点与茶的搭配上，讲究茶点与茶性的和谐搭配，注重茶点的风味效果，重视茶点的地域习惯，体现茶点的文化内涵等，从而创造了中国茶点与茶的搭配艺术。

1. 注重茶点的风味效果

（1）**茶点的适茶性**　休闲的时候喝茶，搭配茶点的原则可概括成一个小口诀，即"甜配绿，酸配红、瓜子配乌龙"。甜配绿，即甜食搭配绿茶来喝，如用甜糕、凤梨酥等配绿茶；酸配红，即酸的食品搭配红茶来喝，如用水果、蜜饯等配红茶；瓜子配乌龙，即咸的食物搭配乌龙茶来喝，如用瓜子、花生米、橄榄等配乌龙茶。

（2）**茶点的观赏性**　茶点与传统点心比较而言，制作更加精美。茶点注重色彩与造型，讲究观赏性。例如，水晶蝴蝶饺晶莹剔透，待饺子蒸熟后插上鱼翅针制的"蝴蝶须"，惟妙惟肖，全素的馅料隔着透明的薄皮现出缤纷色彩，令人赏心悦目。再如，传统茶点鲜虾饺在小巧精致的竹制蒸笼里晶莹透亮，鲜活的虾仁露出隐约可见的粉红，入口柔韧而富有弹性；馅心当中添加了马蹄泥，在虾仁的滑腻间留住了脆爽，似乎特别为茶客留住了春天。又如，在鲜虾饺的基础上创新的"绿茵白兔饺"，用瘦肉、鲜虾等作馅料，改制成小白兔的形状，用火腿肉当作眼睛，再用蒲苇垫底摆盘，活像一群小白兔在草地嬉戏。

（3）**茶点的品尝性**　茶点的品尝重在慢慢咀嚼、细细品味，优质茶点应极富有品尝性。例如，"荔红步步高"便是用荔枝红茶汤混合马蹄粉做成的茶点，红白相间，层层叠叠。先把一部分茶汤、马蹄粉、白糖和炼奶混合做成奶糊，剩下的茶汤与白糖、粉浆煮成茶汤糊，把两种糊分层蒸熟，冷冻后用模具印刻成各种形状。细细咀嚼，凉滑淡雅的荔枝红茶香味流连在口里，配上一杯红茶，回味悠长。再如榴莲酥，其酥皮薄如蝉翼，表面略刷清油，撒几粒芝麻，轻轻咬开外层薄薄的壳，就像吃到了一颗刚剥开的榴莲，浓郁的香味在舌尖上泛起，恰好是榴莲酥的妙境。又如，用龙珠花茶叶酥炸而成的龙珠香麻卷，是用糯米皮包着瘦肉、虾仁、胡萝卜等馅料卷成"日"字形，再撒上蛋黄、芝麻和龙珠花茶叶，在锅中炸至金黄色而成。茶叶镶嵌在外皮上，星星点点，酥脆易碎，让人唇齿留香。

（4）**茶点的多样性**　中国茶点种类繁多，口味多样。就地方风味而言，中国就有黄河流域的京鲁风味、西北风味，长江流域的苏扬风味、川湘风味，珠江流域的粤闽风味等。此外，还有东北、云贵、鄂豫以及各民族风味点心。茶点的选择空间很大，在"干稀搭配、口味多样"总的指导原则下，可以选择春卷、锅贴、饺子、烧卖、馒头、汤圆、包子、家常饼等任意数种，也可以运用因茶的品种不同而创新的茶点品种。例如茶果冻，是将果冻精心调入四种不同口味的茶叶（红茶、绿茶、茉莉花茶、乌龙茶）制成，且不添加色素、防腐剂，口味独特，是纯天然的健康食品。此外还有茶瓜子、茶奶糖等。

2. 讲究茶点的地域习惯

茶点的地域性主要源于当地的饮食习惯，例如福建省的闽南地区和广东省的潮汕地区喜欢饮工夫茶。泡工夫茶讲究浓、香，所以都要佐以小点心。这些小点心味道可口，外形精致。大的不过如小月饼一般，主要有绿豆蓉馅饼、椰饼、绿豆糕等；小的如枣或核桃大小，如具有闽南特色的"芋枣"，是把芋头先蒸熟制成泥，而后添加一些调料，用油炸成，外脆内松，香甜可口。另外还有各种膨化食品及蜜饯，平时家人、朋友在一起品茶尝点，其乐融融。而广东人称早茶为"一盅两件"，即一盅茶，加两道点心。茶为清饮，佐料另备，既可饱腹又不失品茗之趣。

北京也有许多茶馆，与南方茶馆有所不同。北京的清茶馆较少，而书茶馆却很流行，品茶只是辅助性的，听评书才是主要的。品茶时的茶点多为瓜子等零食，很是随意。在北京有一种茶馆叫"红炉馆"，其茶点就比较系统，主要是受清朝宫廷文化影响。茶馆设有烤饽饽的红炉，做的全是满汉点心，小巧玲珑，有大八件、小八件、艾窝窝、蜂糕、排叉、盆糕、烧饼等，顾客可边品茶，边品尝茶点。

3. 体现茶点的文化内涵

茶点不仅讲究色、香、味、形等感官特色，还要注重文化内涵。例如在扬州，根据名著《红楼梦》制作推出的"红楼茶点"，品种丰富多样，包括松子鹅油卷、蟹黄小饺、如意锁片等。每一个品种的背后都有着丰富的文化内涵，让顾客在品尝的同时，还可以了解到鲜为人知的制作方法和故事典故。

4. 反映茶点的时代特征

茶点的发展要有趋时性，反映茶点的时代特征。制茶工艺发展到今日，茶叶已经成为许多特色茶点食品的重要原料。这些茶点在饮茶过程中平添了些许美味与乐趣。例如，绿茶瓜子是选用上等的南瓜子加绿茶粉精心制作而成的，肉厚，香脆可口，可以剥开取肉吃，也可整粒含在嘴里，是休闲时健康的茶食品。再如，茶软糖是选用高级蒸青绿茶同高钙、低脂奶粉精制而成，口感细腻软滑，吃了不黏牙，是高钙、低脂、低热量的绿色茶食品。此外还有茶果冻等，所有这些都为色彩缤纷的茶点市场注入了很多时尚元素。

现在的广东茶点制作受西餐文化的影响，烘焙类茶点品种较多，常见的主要有乳香鸡仔饼、松化甘露酥、酥皮菠萝包、岭南鸡蛋挞等。还有其他各式蛋挞、奶挞、酥皮挞、西米挞以及各种岭南风味的酥角等，都是烘焙类茶点的上乘精品。烘焙制作的点心，十分讲究选料、分量的搭配，注重造型及烘焙的温度和时间，好看又好吃，从味道、口感到造型都极具新意，堪称粤式茶点技术与时尚创意的完美结合。

　　总之，品茶是要茶点相配的，正如红花与绿叶相得益彰。一壶上等的茶品，只需些许佐茶的点心，再加上完全放松的心情，能品出好茶的韵味。一杯好茶，配上精致的点心，品茶才更有趣味。

第四章

茶与生命

相逢一笑总年轻

茶叶承载着丰富的文化内涵和深厚的健康价值，日常生活中养成经常饮茶的习惯有助于排毒健体、养体安心、修身养性，都与茶叶的生化特性有密切关系。

茶的健康密码

一、茶叶主要化学成分

茶树鲜叶中约四分之三是水，其余约四分之一干物质中含有700多种化学物质。茶树各器官含有33种元素，除有一般植物具备的碳、氢、氧、氮元素外，茶树中还有钾、钙、氟、硒等元素（表4-1）。与其他植物相比，茶树中含量较高的成分有咖啡碱，以及维生素中的维生素C和维生素E等。茶叶中的氨基酸具有独特特点，包含一种其他生物中没有的茶氨酸。这些成分形成了茶叶的色、香、味，使茶具有营养和保健作用。其中，茶多酚、茶氨酸、咖啡碱这三种成分是鉴别茶叶真假的重要化学指标。

表4-1　茶叶中化学成分及在干物质中的含量

成分	含量/%	组成
蛋白质	20~30	谷蛋白、球蛋白、精蛋白、白蛋白
氨基酸	1~5	茶氨酸、天冬氨酸、精氨酸、谷氨酸、丙氨酸、苯丙氨酸等
生物碱	3~5	咖啡碱、茶碱、可可碱等
茶多酚	20~35	儿茶素、黄酮、黄酮醇、酚酸等

成分	含量/%	组成
碳水化合物	35~40	葡萄糖、果糖、蔗糖、麦芽糖、淀粉、纤维素、果胶等
脂类化合物	4~7	磷脂、硫脂、糖脂等
有机酸	≤3	琥珀酸、苹果酸、柠檬酸、亚油酸、棕榈酸等
矿物质	4~7	钾、磷、钙、镁、铁、锰、硒、铝、铜、硫、氟等
色素	≤1	叶绿素、类胡萝卜素等
维生素	0.6~1.0	维生素A、维生素B_1、维生素B_2、维生素C、维生素P、叶酸等

二、决定茶叶品质的化合物

1. 茶多酚

目前在世界上还没有发现任何一种植物的茶多酚含量能达到或接近茶。茶多酚是茶中多酚类化合物的总称，也叫茶鞣质、茶单宁。茶叶中富含多酚类化合物，主要成分为儿茶素、黄酮及黄酮醇、花青素、酚酸及缩酚酸四类化合物。以儿茶素为主的黄烷醇类化合物占茶多酚总量的60%~80%。茶多酚呈苦涩味和收敛性，是茶叶滋味品质的主要成分之一。儿茶素中的酯型儿茶素具有强烈收敛性，苦涩味较重；而简单的游离型儿茶素收敛性较弱，味酸或不苦涩。茶叶的鲜叶中所含的儿茶素发生氧化聚合，产生多种从黄色到褐色的茶多酚氧化聚合物，如茶黄素、茶红素、茶褐素，这些是形成干茶和茶汤色泽的主要成分。茶黄素易溶于水，与茶汤中的黄色有关，茶汤明亮或者红茶类杯壁有金圈均说明茶中花黄素含量高，是优质茶的标志之一。红茶、乌龙茶等发酵茶类中有较多的茶多酚氧化聚合物。红茶的茶黄素和茶红素的含量及两者的比例是决定红茶品质的重要指标，因此茶多酚在茶叶品质形成中起着重要作用。同时茶多酚又有多种生理活性。

泡茶时人们能感受到两种香气：一种是能闻到的茶叶中挥发出来的香

气；另一种是在品茶中通过口腔品尝到的香气，这种香气叫作"香入水"。酚酸和缩酚酸是"香入水"的主要化合物之一，其含量决定了茶叶的质量。

2. 咖啡碱

咖啡碱最早在咖啡中被发现，并因此命名。咖啡碱无色、无臭，有苦味，易溶于80℃以上的热水中。现在已知有60多种植物含有咖啡碱，其中茶树、咖啡树、可可树等植物中含量较高。茶树的不同部位咖啡碱含量不同，芽和嫩叶中含量较高，相反，老叶和茎、梗中含量较低，根、种子不含咖啡碱。

咖啡碱的兴奋作用及其爽口的苦味满足了人们的生理及口感的需求，使得一些含咖啡碱的食物（表4-2），如茶、咖啡、可可、巧克力、可乐盛行。咖啡碱有多种生理作用，可作为药品使用，很多止痛药、感冒药、强心剂、抗过敏药中含有咖啡碱。

表4-2　各类食品中咖啡碱含量

食品	咖啡碱含量/毫克
绿　茶（100毫升）	30～70
乌龙茶（100毫升）	30～60
红　茶（100毫升）	50～60
普洱茶（100毫升）	60
咖　啡（150毫升）	75～100
可　可（150毫升）	10～40
巧克力（30克）	20
可　乐（180毫升）	15～23

3. 茶氨酸

茶氨酸是氨基酸的一种，也是茶树中特有的化学成分之一，化学名为谷氨酰乙胺。迄今为止，除了茶树之外，茶氨酸仅在一种蘑菇和少数山茶尾植物中微量存在，在其他生物中尚未发现。茶氨酸是茶叶中含量最高的氨基酸，约占游离氨基酸总量的50%以上，占茶叶干重的1%～2%。茶氨酸为白色针状体，易溶于水，具有甜味和鲜爽味，味觉阈值为0.06%，是茶叶滋味的主要成分。

4. 茶多糖

糖在茶叶中分为单糖、寡糖、多糖及少数其他糖类。茶多糖主要由葡萄糖、阿拉伯糖、木糖、岩藻糖、半乳糖等组成。茶树品种及老嫩程度不同，茶多糖的主要成分及含量也不同，药理作用也不尽相同。一般来讲，原料愈粗老，茶多糖含量愈高，因此等级低的茶叶中茶多糖含量反而高。茶叶中的糖类具有甜味并参与茶叶香气的形成，茶多糖与茶氨酸、茶多酚等综合作用形成茶汤的鲜爽甘醇。

5. 茶皂素

皂苷化合物是广泛地分布于植物和一些海洋生物中的一类结构非常复杂的化合物。皂苷的水溶液会产生肥皂泡似的泡沫，因此得名。很多药用植物都含有皂苷化合物，如人参、柴胡、桔梗等。这些植物中的皂苷化合物已被证明具有多种保健功能，包括提高免疫功能、抗癌、降血糖、抗氧化、抗菌、消炎等。茶皂素又名茶皂苷，分布在茶的叶、根、种子等各个部位，不同部位的茶皂素化学结构也有差异。茶皂素是一种性能良好的天然表面活性剂，已被用于轻工、化工、纺织及建材等行业，制造乳化剂、洗洁剂、发泡剂等。同时茶皂素也和许多药用植物的皂苷化合物一样有许多生理活性，包括溶血性，抗菌、抗病毒作用，抗炎症、抗过敏作用，抑制酒精吸收的作用，减肥作用。

6. 香气成分

植物的香气成分有许多效果，如镇静、镇痛、安眠、抗菌、杀菌、消炎、除臭等。茶叶中已发现有约700种香气化合物。各类茶的香气成分及含量各不相同，这些成分的绝妙组合形成了不同茶类独特的品质风味。在喝茶时，香气成分经口、鼻进入体内，使人有爽快的感觉，饮茶爱好者一定都有这种体会。茶叶作为一种受人喜爱的饮料，其香气成分所起的作用是众所周知的。

人体试验发现，茶叶的香气成分被吸入体内后，会引起脑波的变化、神经传递物质与其受体亲和性的变化，以及血压的变化等。不同成分会引起大脑不同的反应，有的为兴奋作用，有的为镇静作用等。由于这项研究是近几年才开始的，并且茶叶的香气成分相当复杂，今后可望有新的发现。

7. 色素

（1）叶绿素　叶绿素是植物体内光合作用赖以进行的物质基础，广泛存在于绿色植物中。茶叶鲜叶中叶绿素含量为干物质的0.5%～0.8%。一般，新芽色浅，叶绿素含量较少；老叶色深，叶绿素含量较多。遮阴茶园的茶叶叶色深，叶绿素含量较多，相反露天茶园的茶叶叶绿素含量较少。各类茶的加工方法不同，加工时叶绿素也发生不同的变化。因此不同茶类的叶绿素含量也有较大区别，其中绿茶中含量较高。

（2）类胡萝卜素　类胡萝卜素是一类从黄色到橙色的脂溶性色素，这种物质在茶叶加工过程中会发生氧化分解，生成多种香气化合物，如芳樟醇、紫罗酮等，因此类胡萝卜素对茶叶的色、香都有重要意义。茶叶中类胡萝卜素含量为16～30毫克/100克，其中黄茶、绿茶中含量较高。

三、决定茶保健功能的成分

1. 茶多酚及其氧化物

茶多酚是茶叶里多酚类化合物的总称。在茶叶加工过程中，部分茶多酚在酶的催化下生成茶红素、茶黄素和茶褐素。也就是说，茶多酚的主要氧化产物是茶红素、茶黄素和茶褐素三大类物质。

茶多酚在茶叶里占有绝对的优势。茶多酚及其氧化物是茶叶对人体的保健功能的主要作用因子。茶多酚是一种活性物质，具有氧化还原性，有"人体的保鲜剂，健康的守护神"的美誉。

它具有抗辐射、抗癌、抗衰老，防治高脂血症引起的疾病，舒缓肠胃紧张，消炎止泻和利尿作用，防龋固齿和清除口臭的作用，以及助消化作用等保健功效。

2. 生物碱

茶叶中的生物碱主要是咖啡碱、可可碱以及少量的茶碱，三种都是黄嘌呤衍生物。嘌呤类化合物能影响神经系统的活动，产生心血管效应，有兴奋、解痉、扩张血管等生理活性。

（1）**咖啡碱的功能**　咖啡碱能使中枢神经兴奋，其主要作用于大脑皮质，使精神振奋，提高工作效率，消除睡意，减轻疲劳。研究表明，适量地摄入咖啡碱对人体有积极的影响。调查研究表明，每天饮茶3~5杯，没有发生不良反应。由于茶汤中内含物丰富，可溶性物质相互作用，只有很少一部分咖啡碱被人体吸收进入血液中，而且茶叶中的咖啡碱在茶汤中是缓慢地逐渐溶出，不会对人体产生危害因素。相反，由于咖啡碱的化学性质和茶多酚的抗氧化作用，对人体保健的防癌、抗癌还具有协同作用。

（2）**茶碱、可可碱的功能**　茶碱、可可碱的作用与咖啡碱的功能相似，如具有兴奋、利尿、扩张心血管、松弛平滑肌等作用。但是各自在功能上又有不同的特点。

3. 氨基酸

被加工的茶叶中，游离氨基酸的含量一般在2%～5%之间，共有26种。其中以茶氨酸含量最多，占茶叶干重的1%～2%，占整个氨基酸的50%。其次是人体所必需的苏氨酸、赖氨酸、蛋氨酸、亮氨酸、色氨酸、苯丙氨酸、异亮氨酸、缬氨酸等。还有半胱氨酸、谷氨酸、胱氨酸、精氨酸、组氨酸、丝氨酸、天冬氨酸、甘氨酸等，这些氨基酸在人体内都具有重要的生理作用。

（1）**茶氨酸的功能**　茶氨酸是茶叶的主要呈味物质之一。茶氨酸具有特殊的鲜爽味，能缓解茶叶的苦涩味，其含量与茶叶的品质呈正相关，是评价绿茶品质的重要指标。茶氨酸对于人体健康也有着重要的作用。

①镇静作用。咖啡碱是众所周知的兴奋剂，但人们在饮茶时反而感到放松、平静、心情舒畅。这主要是茶氨酸的作用。茶氨酸能平缓人们的情绪，让内心平静下来。

②提高学习能力和记忆力。在动物实验中，给小白鼠服用3～4个月茶氨酸后对它们进行学习能力测试，结果表明，服用茶氨酸的小白鼠能在较短时间内掌握要领，学习能力高于不服用茶氨酸的小白鼠。

③降低血压。在动物实验中，给有高血压的大鼠注射茶氨酸，发现大鼠的舒张压、收缩压以及平均血压都有所下降，降低程度与剂量有关，但心率没有大的变化。经研究表明：茶氨酸是通过调节脑中神经传递物质的浓度起到降低血压的作用。

④去除烟瘾和清除烟雾中重金属。研究发现，茶氨酸通过调节尼古丁受体和多巴胺释放，从而实现去除抽烟人的烟瘾，对于戒烟很有帮助。又有研究发现，茶氨酸对烟雾中的重金属包括砷、镉和铅具有显著的清除作用。

此外，茶氨酸有强心、利尿、扩张血管、松弛支气管和平滑肌的作用。

（2）**其他氨基酸的功能**　苏氨酸、赖氨酸和组氨酸对促进人体的生长发育都有重要作用；同时能促进对钙和镁的吸收，因此有防治骨骼疏松、佝偻病和贫血的作用。蛋氨酸能调节脂肪代谢，防止动脉粥样硬化。亮氨酸和组氨酸能促进人体细胞的再生，加速伤口的愈合。色氨酸对大脑的神经传递有重要的作用。谷氨酸能与人体内的氨结合，使血氨下降，治疗肝昏迷。半胱氨酸和胱氨酸具有解毒和抗辐射作用。前者有助于人体对镁的吸收，后者有助于促进毛发生长和防止早衰。

茶叶中氨基酸的含量，一般是高级茶多于低级茶。绿茶多于红茶，再依次为白茶、黄茶、乌龙茶和黑茶。谷氨酸以绿茶中含量最多，其次是乌龙茶和红茶。茶氨酸以白茶中含量最多，其次是绿茶和乌龙茶。精氨酸以绿茶中含量最多，其次是红茶。

4. 茶多糖

（1）**降血糖作用**　糖尿病是以持续高血糖为其基本生化特征的综合病症。各种原因造成胰岛素供应不足或者胰岛素无法发挥正常生理作用，使体内糖、蛋白质及脂肪代谢发生紊乱，血液中糖浓度上升，超过肾糖阈，就发生了糖尿病。口服或腹腔注射茶多糖具有降血糖效果，这个效果在使用后10小时左右出现，24小时后降血糖效果消失。茶多糖与促进胰岛素分泌药物一同使用，能够增强药物的降血糖效果。

茶多糖的热稳定性差，开水泡茶会使茶多糖降解而失去活性。所以糖尿病患者泡茶，最好用低于50℃的温水泡茶。茶汤中茶多糖含量高，活性强，对降血糖很有帮助。

（2）**降血脂作用**　在动物实验中，给小白鼠喂茶多糖，能使血液中总胆固醇、中性脂肪、低密度脂蛋白胆固醇等浓度下降，高密度脂蛋白胆固醇增加。茶多糖能够通过调节血液中的胆固醇以及脂肪的浓度，起到预防高血脂、动脉粥样硬化的作用。

（3）**抗辐射作用**　茶多糖具有明显的抗放射性伤害、保护造血功能的作用。小白鼠通过 γ 射线照射后，服用茶多糖能保持血色素平稳，红细胞下降幅度减少，血小板的变化趋于正常。随着科技的发展，人们接触电磁辐射的时间越来越长，多饮茶能够预防长时间、低剂量的辐射对人体造成的伤害。

另外，茶多糖还具有增强免疫功能、抗凝血、抗血栓、降血压等功能。

5. 茶皂素

茶皂素又名茶皂苷，是可以让茶起泡沫的物质，植物中都含有这种皂苷（或称皂素）类物质。它是一种天然表面活性剂，可以用来制造乳化剂、洗洁剂、发泡剂等。茶皂素与许多药用植物的皂苷化合物一样，具有许多生理活性。

（1）**抗菌、抗病毒作用**　茶皂素对多种引发皮肤病的真菌以及大肠杆菌有抑制作用。茶皂素对A型和B型流感病毒、疱疹病毒、麻疹病毒、HIV病毒有抑制作用。

（2）**抗炎症、抗过敏作用**　茶皂素具有明显的抗渗漏与抗炎症特征。在炎症初期阶段，茶皂素能使毛细血管通透性正常化，对过敏引起的支气管痉挛、浮肿等有疗效，其效果与多种抗炎症药物相匹敌。

（3）**抑制酒精吸收的作用**　茶皂素有抑制酒精吸收的活性。在小白鼠实验中，给小白鼠服用茶皂素后1小时再给其服用酒精，发现小白鼠血液、肝脏中的酒精含量都降低，血液中的酒精在较短时间内消失。这说明茶皂素能抑制酒精的吸收，促进体内酒精的代谢，对肝脏有保护作用。

（4）**减肥作用**　茶皂素有抑制胰脂肪酶活性的作用。茶皂素通过阻碍胰脂肪酶的活性，减少肠道对食物中脂肪的吸收，从而有减肥的作用。

（5）**洗发护发功效**　茶皂素的洗涤效果很好。以茶皂素为原料的洗发香波具有去头屑、止痒的功能，对皮肤无刺激性，使头发清新飘逸。茶叶可以护发，洗完头后把微细茶粉涂在头皮上，轻轻按摩，每天1次；或者把茶汤涂在头上，按摩1分钟后洗净，能够防治脱发，去除头屑。

（6）**其他功效** 茶皂素还有促进体内激素分泌、调节血糖含量、降低胆固醇含量、降血压等功效。

6. 维生素

（1）**维生素A** 茶叶中含有维生素A，它是维持正常视力不能缺少的物质。它能预防虹膜退化，增强视网膜的感光性，有"明目"的作用。缺乏维生素A，视力会下降，易得夜盲症。同时维生素A还有维护听觉、生育等功能正常，保护皮肤、黏膜，促进生长等作用。

（2）**维生素C** 绿茶中维生素C含量较高，100～250毫克／100克。维生素C易溶于水。维生素C有增强免疫能力、预防感冒、促进铁的吸收的功效。而且它是强抗氧化剂，能捕捉各种自由基，抑制脂质过氧化，从而有防癌、抗衰老等功效。维生素C还能抑制肌肤上的色素沉着，因此有预防色斑生成等美容的效果。

（3）**维生素E** 茶叶中维生素E的含量也高于其他植物，有些种类能达到菠菜含量的30倍、葵花籽油含量的2倍。维生素E也是很强的抗氧化剂，有抗衰老、美容的作用，此外有预防动脉粥样硬化、防治不育症的效果。但维生素E为脂溶性维生素，不易溶到茶汤中，因此可通过食茶（将茶粉加入糕点中食用）的方式较好地摄取茶中的维生素E。

（4）**维生素K** 维生素K的"K"为德语"凝固"的第一个字母，因为维生素K最初是作为与血液凝固有关的维生素被发现的。人体缺乏维生素K时容易骨折，现在它已被用作骨质疏松症的治疗药。维生素K主要存在于绿色植物中，茶叶中含量为1～4毫克／100克。

茶叶中的主要维生素及其功效见表4-3。

表4-3　茶叶中的主要维生素及其功效

维生素名称	干茶中的含量	主要效用	缺乏症
维生素A	8～25毫克／100克	维持视觉、听觉的正常功能，维持皮肤和黏膜的健康，促进生长	夜盲症，干眼病，皮肤干燥，儿童发育生长不良
维生素B$_1$	0.1～0.5毫克／100克	促进生长，维持神经组织、肌肉、心脏的正常活动	脚气病、神经炎
维生素B$_2$	0.8～1.4毫克／100克	维持皮肤、指甲、毛发的正常生长	口角炎，口腔炎，角膜炎
烟酸	1～7毫克／100克	维持消化系统健康，维持皮肤健康	糙皮症，消化系统功能障碍
维生素C	100～250毫克／100克	抗氧化作用，增强免疫功能，防治坏血病，促进伤口愈合，减少色斑沉积，防癌	坏血病，牙龈出血
维生素E	25～80毫克／100克	抗氧化作用，延缓细胞衰老，防治不育症，预防动脉粥样硬化	幼儿贫血症，生殖功能障碍
维生素K	1～4毫克／100克	促进凝血素的合成，防治内出血，促进骨中钙的沉积	血液凝固能力下降，骨质疏松症
叶酸	0.5～1.0毫克／100克	参与核苷酸和氨基酸代谢，是细胞增殖时不可缺少的，预防贫血，促进乳汁分泌	贫血，口腔炎
泛酸	3～4毫克／100克	有助于伤口痊愈，增强抵抗能力，防止疲劳，缓解多种抗生素的毒副作用	低血糖症，十二指肠溃疡，皮肤异常症状

7. 矿物质

茶还提供维持人体正常功能所需要的多种矿物质。根据人体所需量，每日所需量在100毫克以上的矿物质为常量元素，每日所需量在100毫克以下的为微量元素。与人体健康和生命有关的必需常量元素矿物质有钠、钾、氯、钙、磷和镁等；微量元素有铁、锌、铜、碘、硒、铬、钴、锰、镍、氟、钼、钒、锡、硅、锶、硼、钼、砷等。矿物质元素都有其特殊的生理功能，与人体健康有密切关系。一旦缺少了这些必需元素，人体就会出现疾病，甚至危及生命。这些元素只有不断地从饮食中得到供给，才能维持人体正常生理功能的需要。茶叶中有近30种矿物质元素，与一般食物相比，饮茶对钾、镁、锰、锌、氟等元素的摄入最有意义。茶叶中的主要矿物质及其功效如表4-4所示。

表4-4　茶叶中的主要矿物质及其功效

矿物质种类	干茶中的含量	茶汤中的溶出率/%	主要功效
钾	1400～3000毫克／100克	≈100	调节细胞渗透压，参与肌肉的收缩过程，维持神经组织的正常
磷	160～500毫克／100克	25～35	骨与牙的组成成分，细胞膜的组成成分，参与糖代谢
钙	200～700毫克／100克	5～7	骨和牙的组成成分，参与凝血过程、肌肉的收缩过程，镇静神经
镁	170～300毫克／100克	45～33	体内300多种酶的辅助因子，维持细胞的正常结构，缺乏时会出现心律不齐
锰	30～90毫克／100克	≈35	多种酶的激活剂，参与骨骼的形成和凝血过程
铁	10～40毫克／100克	≥10	体内多种酶的组成成分，促进造血，缺乏时会造成缺铁性贫血

续表

矿物质种类	干茶中的含量	茶汤中的溶出率/%	主要功效
钠	1~50毫克/100克	10~20	调节体液平衡，防止身体脱水，维持肌肉的正常功能
锌	2~6毫克/100克	35~50	体内多种酶的组成成分，维持生殖器官的正常功能，维持敏锐的味觉，促进生长，增强抵抗力
铜	1.5~3毫克/100克	70~80	分布于肌肉、骨骼中，参与造血，增强抗病能力
氟	100~1000毫克/千克	60~80	骨和牙的组成成分，防止蛀牙
镍	0.3~2毫克/100克	≈50	参与核酸代谢
硒	0.02~2毫克/千克	10~25	抗氧化作用，延缓衰老，预防癌症
碘	0.05~0.01毫克/100克	50~60	预防甲状腺增生、肥大

8. 纤维素

茶叶的组织主要由纤维素构成，茶叶中纤维素含量很高，可达35%~40%。尤其是粗老叶中纤维素含量较高，并且秋茶中的含量高于春茶，所以等级越低的茶中纤维素含量越高。以前，由于纤维素不易被人体消化吸收，其生理作用没有受到重视。现在发现，纤维素是人类健康必不可少的营养要素，具有其他物质不可替代的生理作用。纤维素有助于通便、解毒、减肥等，遗憾的是，茶叶中的纤维素因不溶于水，不能通过喝茶摄入体内，只有通过食茶才能有效地利用茶叶中的纤维素。

科学饮茶与用茶

科学饮茶与用茶是人类的养生之道之一。只有顺应自然的变化规律，因时而异，因人而异，注意某些饮茶禁忌，才能科学养生，健康长寿。科学饮茶第一个基本要求是能够正确地选择茶叶。要根据季节、气候及个人体质来选择相应的茶叶，同时还应注意选择品质优良又安全卫生的茶叶产品，如绿色食品茶叶或天然有机茶，并了解这两种茶的概念。第二个基本要求是用正确的冲泡方法泡茶。第三个基本要求是合理品饮一杯茶。

一、合理饮茶

要按照个人生活习惯、居住区域、工作特点等合理用茶。一般应注意茶的浓淡、温度要适宜。剧烈运动后、饭前、饭后短时间内不宜大量饮茶。

1. 浓淡适宜

茶汤过浓，对初饮茶者来说可能会刺激性太强；茶汤太淡，既缺少茶的韵味，又无茶的保健营养作用，宜及时换茶。

所谓浓茶，是指泡茶用量超过常量（一杯茶3～4克）的茶汤。对太浓的茶不少人是不适合的，如夜间饮浓茶，由于过多的咖啡碱会使神经兴奋，易引起失眠。患有心动过速、胃溃疡、神经衰弱、胃寒者都不宜饮浓茶，否则会使病症加剧。空腹也不宜喝浓茶，空腹饮浓茶常会引起胃部不适，有时甚至产生心悸、恶心等不适症状，发生"茶醉"。出现"茶醉"后，吃一两颗糖果或喝点糖水就可缓解。

浓茶也并非一概不可饮，在有些情况下饮浓茶反而有利。长期的茶疗实践表明，湿热证和吸烟、饮酒过多的人，饮浓茶有助于清热解毒、润肺化痰、强心利尿、醒酒消食等。吃了过多肉食或油腻的食物，饮浓茶可以帮助消食去腻。小便不利的人，喝浓茶有助于利水通淋。口腔发炎、咽喉肿痛的人饮浓茶有助于消炎杀菌。

2. 温度适宜

茶汤太凉可能会造成肠胃不适；茶汤过热可能会导致口腔、消化道黏膜灼伤。一般茶汤的最适宜温度在40～60℃。

3. 关于隔夜茶

现实生活中有一种说法：因为隔夜茶中含有二级胺，可以转变成致癌物亚硝胺，喝了容易得癌症，因此认为"隔夜茶喝不得"。这种说法并没有充分的科学根据。二级胺本身是一种不稳定的化合物，它广泛存在于许多食物中，尤其是腌腊制品中含量最多。二级胺本身并不致癌，必须在有硝酸盐的条件下才能形成亚硝胺，并且只有达到一定数量才有致癌作用。饮茶可从茶叶中获得较多的茶多酚和维生素C，这两种物质均能有效地阻止人体中亚硝胺的合成，成为天然的亚硝胺抑制剂。所以，饮隔夜茶不会致癌。但是从营养和卫生方面考虑，茶叶冲泡后，时间长了，茶汤中的维生素C和其他营养成分会因逐渐氧化而降低。另外，茶叶中的蛋白质、糖类等是细菌、霉菌的培养基，茶汤没有严格的灭菌，易滋生霉菌和细菌，导致茶汤变质腐败。这种变质了的茶汤当然不宜饮用。

二、特殊人群饮茶注意事项

饮茶对人体健康的作用是不容置疑的，但针对特殊的人群，还是有一些注意事项。

①肠胃寒凉的人群。宜饮用武夷岩茶、红茶、普洱熟茶、黑茶等发酵程

度较高的茶，少饮绿茶、白茶、黄茶等茶类。

②不宜空腹饮茶。空腹饮茶会冲淡胃酸，还会抑制胃液分泌，妨碍消化，并影响对蛋白质的吸收，还会引起胃黏膜炎。甚至会引起心悸、头晕等"茶醉"现象。

③睡前饮茶要分人群。有人睡前饮茶不影响睡眠，但睡眠质量不好的人最好睡前2小时内不要饮茶。饮茶导致精神兴奋，影响睡眠，甚至失眠。尤其是新采的绿茶，饮用后神经极易兴奋，造成失眠。

④妇女哺乳期不宜饮浓茶。哺乳期若饮浓茶，会有过多的咖啡碱进入乳汁，婴儿吸乳后会间接地产生兴奋，易引起少眠和啼哭。

⑤重度醉酒者不宜饮茶。酒后喝茶能加速体内酒精的代谢，且其利尿作用可帮助代谢后的物质排出，因此有助于解酒。但对于重度醉酒者，这种加速分解会增加肝肾的负担。

⑥不要饮用劣质茶或变质茶。茶叶储藏不当，易吸湿而霉变。变质的茶中含有大量对人体有害的物质或病菌，是绝对不能饮用的。优质茶泡好后若放置太久，茶汤也会因氧化和微生物繁殖而变质，这样的茶也不要饮用。

⑦慎用茶水服药。药物的种类繁多、性质各异，能否用茶水服药，不能一概而论。有些中草药如麻黄、钩藤、黄连等不宜与茶水混饮，一般认为，服药2小时内不宜饮茶。

⑧糖尿病患者适宜饮用粗老茶。粗老茶就是等级比较低的茶，基本上是由成熟叶片制成的茶。泡茶的温度最好在50℃以下，可根据自己的习惯酌情调整。

⑨痛风患者喝茶，最好是泡茶时先洗一遍茶，减少茶汤中咖啡碱的含量。选择茶类时，建议选择发酵程度较高、咖啡碱含量相对较低的茶品。

第三节
茶是生活伴侣

一、茶的生物活性成分的综合利用

饮茶的不足之处是无法摄取茶中不溶于水的成分。茶叶中有许多不溶性成分，其含量高于可溶性成分，其中包括纤维素、蛋白质、脂类、脂溶性维生素等（表4-5）。即使是可溶性成分，冲泡时也不是100%被浸出，这些没有被利用的部分包含了很多对身体有益的成分。因此，有时改变一下茶叶的加工方法，或用食茶代替饮茶，能高效地利用茶的有效成分。

表4-5　茶叶中可溶性成分、不溶成分含量

可溶性成分（干物重/%）		不溶成分（干物重/%）	
茶多酚	20～35	纤维素	30～35
咖啡碱	2～4	蛋白质	20～30
氨基酸	1～5	脂肪	4～7
可溶性糖	3～5	脂溶性色素	≥1
B族维生素、维生素C等		维生素E、维生素K等	
可溶性矿物质（钾、锰、锌、氟、硒等）		不溶性矿物质（钙、铁等）	
总量	35～47	总量	53～65

茶的综合利用是指以茶叶、花、果及茶树其他部分为原料，采用相应的物理化学、化工和生物技术生产出利于改善当代城市人群生活的含茶或茶提取物的产品。充分发挥茶中生物活性成分的功能，使人们享受更科学、健

康、舒适的绿色生活。随着当今科学技术的发展，茶的天然活性成分的发现和分离使茶叶利用有了质的飞跃。中国在茶树资源的提取利用领域的研究在国际上处于领先地位。

1. 可食之茶

（1）市场上的茶叶食品　食茶虽不如饮茶盛行，但其历史却比饮茶悠久。人类利用茶叶就是从食茶开始的。最早的方法是生嚼茶鲜叶，此后为烹煮做菜或茶粥。在《晏子春秋》中就有"茗菜"的记载，在《晋书》中也有"茗粥"的记载。唐、宋时期将茶鲜叶蒸软加工成团茶、饼茶，有"龙团凤饼"之称。饮用时将茶磨成粉末状冲饮，宋徽宗的《大观茶论》中就具体地讲到泡茶时需怎样碾成粉，如何用筅搅拌茶水。这种饮用法其实是将茶与水搅拌均匀后全部服下，应属食茶法的一种。同时从唐朝开始，散茶的加工法逐渐完善，到了明代，朱元璋下诏"罢造龙团"，茶叶生产以散茶为主，于是喝茶逐渐占据主流。

如今，由于茶叶的保健成分被发现，食茶又开始受人瞩目了。加工技术的进步，如低温粉碎技术的出现，使茶粉的加工也实现了工业化。市场上的茶叶食品纷纷上市，品种逐渐增多（表4-6）。

表4-6　**茶叶食品的种类**

种类	食品名称
糖果类	茶叶奶糖、茶叶酥糖、茶叶口香糖、茶叶润喉糖、茶叶巧克力、茶叶果冻、茶叶羊羹
糕点类	茶叶面包、茶叶三明治、茶叶蛋糕、茶叶饼干、茶叶米糕、茶叶蛋卷
面类	茶叶面条、茶叶荞麦面、茶叶馒头、茶叶汤圆
豆制品类	茶叶豆腐
乳制品类	茶叶酸乳、茶叶冰淇淋、茶叶布丁

种类	食品名称
鱼、肉制品	茶叶香肠、茶叶肉丸、茶叶鱼丸
调味品	茶盐、茶叶酱、茶叶蛋黄酱、茶叶果酱、茶叶汤料
酒类	茶叶啤酒、茶叶汽酒
茶粉	食用茶粉、超微茶粉、抹茶粉

在食品中添加茶叶有以下几个作用：一是增添茶叶的清香，还可去除鱼、肉的腥气；二是食品的颜色变得丰富，添加不同的茶类，如绿茶、乌龙茶、红茶等，颜色各不相同，能达到天然色素的效果；三是食品中有茶叶的清新味，增进食欲；四是除了改进色、香、味以外，食品还可以更好地吸收茶叶中的营养成分、保健成分；五是茶叶的抗氧化作用、杀菌作用使食品容易保存，如同天然食物保鲜剂；六是茶叶食品从糕点、糖果到面食、菜肴等，种类繁多，即使不爱喝茶的人也可选择自己喜欢的形式食用茶叶。

（2）**手工茶叶食品**　自己动手做一些茶叶食品也是其乐无穷。大多数茶叶食品的加工程序并不复杂，例如只需在炒菜时加几片茶叶，或揉面时加一些茶粉而已，这些"举手之劳"可使食物的色、香、味不同一般。原料可用茶粉或茶叶。用叶子时可用茶鲜叶，或将成品茶冲泡，使其张开恢复自然形态后挤干水分使用。有的茶味道苦涩，需冲泡两三次后再食用，茶汤自然也可以饮用，饮茶、食茶两不误。茶粉可用现成的，也可用磨或食品粉碎机将茶叶磨成粉。

①凉拌茶。这是一种云南基诺族的传统食茶法。做法为将鲜嫩茶叶揉碎，加入切碎的黄果叶、辣椒、大蒜以及适量的盐，再加少许泉水，拌匀后当菜吃。也有其他的做法，例如将绿茶泡后挤干水，与菜油、酱油、炒熟后磨碎的芝麻一起凉拌。也可在凉拌豆腐时加少许茶粉。

②竹筒酸茶。云南布朗族的传统食茶法。在雨季，将茶鲜叶蒸熟后，先

在阴暗处放十多日使其发霉，然后将茶填入竹筒中，将竹筒密封后再埋入土中，一个月后取出食用。味道如腌菜一样有酸味。在泰国、缅甸、日本的一些地区也有腌制茶叶的做法。如在日本的德岛县，将茶叶煮后放入桶中，上面压重物，一周后取出晒干食用。

③擂茶。湖南、湖北、四川等地的土家族的擂茶也是非常有特色的食茶法。将茶鲜叶、生姜、盐、胡椒，以及炒熟的花生、芝麻、米等放在擂钵中，用木棒压碎成糊状，然后将压碎的食物倒入碗中，冲水食用。

④茶叶炒菜。以茶叶为食材烹煮菜肴已经不是鲜为人知的事了，有些茶膳已经成为名菜，如龙井虾仁、碧螺虾仁、祁门鸡丁、香茗脆皮鱼等。将茶叶冲泡后，捞起挤去水，像用一般的蔬菜或姜、蒜似的，与虾、鱼、肉炒在一起，同时将茶汁也全放入锅中煮。这样做成的菜不但没有腥味，而且茶香宜人，味道爽口。同样，做炒饭时也可加入茶叶一起炒，还可将切碎的茶叶与碎肉拌在一起做肉丸，或做肉包、烧卖、饺子的馅。

⑤茶叶汤、羹。在菜汤、肉汤中加几片嫩茶叶，或在汤中溶进一些茶粉。在做羹时，可将茶粉拌入淀粉中。

⑥抹茶。这是日本茶道的做法。抹茶是用碾茶（一种遮阴栽培的嫩叶绿茶）磨成的非常细微的茶粉，大小为1～20微米，大部分为3微米以下。抹茶的氨基酸含量较高，滋味鲜爽，苦涩味少。泡饮法为在拌好的抹茶中加入热水，用茶筅快速搅拌，将茶与水拌匀直到起泡，便可饮用。这也是有效的食茶法。

2. 茶叶护肤品

茶叶中的许多成分有滋润肌肤、美容养颜的效果，茶叶也可用于化妆品中，已上市的茶叶护肤品有茶叶化妆水、茶叶面膜、茶叶增白霜、茶叶防晒露、茶叶洗发剂、茶叶护发素、茶叶沐浴剂等。这类产品利用了茶叶中天然成分的美容效果，有安全、刺激性小的优点。

茶叶富含天然保湿因子茶多糖和透明质酸钠，有效延长肌肤锁水时间，茶叶与茶花的活性因子有效延缓胶原蛋白等的分解速度，让皮肤充满弹性，减少皱纹；茶多酚有良好的收敛性，可使粗大的毛孔收缩，抚平细纹，使肌肤细腻紧致，同时可有效减少紫外线引起的皮肤黑色素形成，避免色斑和肌肤暗沉。

茶皂素是一种优质的天然表面活性剂，具有良好的清洁功能，易降解，无刺激；丰富的维生素E促进皮肤血液循环及毛发再生；茶多酚等可抑菌消炎。此类型洗涤用品具有独特的植物清香，同时滋养肌肤毛发，不产生过敏反应。

3. 茶疗

"茶疗"一词中国古代即有，是将茶作为单方或偏方而入药，用于很多疾病的预防和临床治疗的疗法。茶在中医传统方面有多种功效：令人少寐、安神除烦、明目、益思、下气、消食、醒酒、去腻减肥、清热解毒、止渴生津、祛痰、治痢、疗疮、利尿、通便、祛风解表、益气力、坚齿、疗饥等；有研究证明茶还有助于降血脂、降血压、强心、抗癌、抗衰老、抗肿瘤等。

经过长期的临床实践，中国民间已逐步积累了许多对人体健康有益的实用茶疗方。茶疗方，又称茶方，狭义上仅指单用茶作为疾病预防和治疗的方剂；广义上指添加茶以外植物成分的中草药单方，如山楂、杜仲、金银花、罗汉果、菊花等。在中国许多中草药单方或复方中，有许多所谓的"茶"，但实际上其中并非含茶，在中药方剂中仍然称其为茶方，我们可称之为"茶的代用品"。在古代早有记载，唐《外台秘要》中就有"代茶新饮方"的记载；宋代，在茶店中出售益脾饮之类；至清代宫廷秘方中亦屡见不鲜。著名的有菊花、决明子、桑寄生、藿香、夏枯草、胖大海、金银花、番泻叶等20余种。

二、茶与精神健康

精神健康是人们正常生存的必要保证。随着社会发展的加速，各种竞争越来越激烈，人们的心理负荷日益加重。这种状况存在于各个阶层和各个年龄阶段，许多人机体失常，大脑处于高度紧张的状态，从而产生心理障碍、精神障碍等精神类疾病。心理问题将导致社会正常构架体系被削弱，社会生产力下降，如何解决这一现代社会发展所带来的副产物是一个重大的社会问题。

从医学心理学的角度来说，转移注意力和放松精神是解决心理问题的有效措施，它的方式多种多样。从饮茶开始渐入品茶的意境，从"得味"到"得趣"以至于"得道"的过程，能使人们从紧张的社会活动中得以休息。这种随时都可进行的修身养性活动对人们的健康大有益处。回归自然，亲近自然是人的天性，茶是对这份天性的最好满足。"品茶者，独品得神"，一人品茶能进入物我两忘的奇妙意境，两人对品"得趣"，众人聚品"得慧"，茶具有保持人身心健康的功效。

饮茶对精神的作用，古人就早已体会到。如唐代诗人"玉川子"卢仝在《走笔谢孟谏议寄新茶》一诗中有脍炙人口的"七碗茶诗"："一碗喉吻润，两碗破孤闷。三碗搜枯肠，唯有文字五千卷。四碗发轻汗，平生不平事，尽向毛孔散。五碗肌骨清，六碗通仙灵。七碗吃不得也，唯觉两腋习习清风生。"诗人表达出茶不只是解渴润喉之物，从第二碗开始就对精神产生作用；三碗使人思维敏捷；四碗时，生活中的不平、心中的郁闷都发散出去；五碗后，浑身爽快；六碗喝下去，有得道通神之感；七碗时更是飘飘欲仙。饮茶时忘却烦恼、放松精神的状态被淋漓尽致地表达出来。

饮茶不但可养身健体，它还将道德、文化融于一体，可修身养性、陶冶情操、参禅悟道，达到精神的愉悦和思想境界的提高。养生的一个重要内容是养性。中国对养性与养气的重视，往往甚于对身体健康的重视。养性为本，养身为辅，修养好性情才是真正的养生目的。茶与中国养生，有一种内在的认同和本质的联系。在饮茶活动中，人们可营造平和恬淡、乐观豁达的心理氛围。

参考文献

[1] 赵艳红. 茶文化简明教程[M]. 北京：北京交通大学出版社，2013.

[2] 贾红文，赵艳红. 茶文化概论与茶艺实训[M]. 北京：清华大学出版社，2016.

[3] 余悦. 中华茶艺[M]. 北京：中央广播电视大学出版社，2015.

[4] 陆羽. 茶经[M]. 北京：中华书局，2010.

[5] 刘枫. 新茶经[M]. 北京：中央文献出版社，2015.

[6] 刘勤晋. 茶文化学[M]. 北京：中国农业出版社，2014.

[7] 屠幼英. 茶的综合利用[M]. 北京：中国农业出版社，2017.

[8] 屠幼英，乔德京. 茶多酚十大养生功效[M]. 杭州：浙江大学出版社，2014.

[9] 陈宗懋，杨亚军. 中国茶经[M]. 上海：上海文化出版社，2011.

[10] 赵艳红，宋伯轩，宋永生. 茶·器与艺[M]. 北京：化学工业出版社，2018.

[11] 邵宛芳. 普洱茶保健功效科学读本[M]. 昆明：云南科技出版社，2014.

[12] 宛晓春. 茶叶生物化学[M]. 北京：中国农业出版社，2014.

[13] 屠幼英. 茶与健康[M]. 西安：世界图书出版公司，2011.

[14] 王春玲. 健康中国茶[M]. 北京：化学工业出版社，2018.

[15] 冯明珠，廖宝秀. 茶韵茗事：故宫茶话[M]. 台北：国立故宫博物院，2010.

[16] 杨亚军，俞永明. 评茶员培训教材[M]. 北京：金盾出版社，2009.

[17] 柯律格. 雅债：文徵明的社交性艺术[M]. 刘宇珍，邱士华，胡隽，译. 北京：三联书店，2012.

[18] 王红波. 文徵明的绘画世界[M]. 成都：四川美术出版社，2019.

后记

智慧人生 品茗的科学与艺术

茶的发现及利用，是中国为世界做出的重大贡献。中国人由最初以茶为食，以茶为药，到以茶为饮，经历了漫长的发展过程，积累了丰富的经验。本书详细地介绍了茶的起源、茶的加工制作及应用的历史，归纳了六大基本茶类及再加工茶的各种茶品特色、评鉴要点及选择方法；从实用出发，总结了茶叶冲泡的技术与技法，分析了泡茶各要素之间的原理与最佳方式；通过解读茶健康因子的生物作用机制，阐述了茶在现代生活中科学的应用方法及卓越的养生保健效果。

通过品茗活动，人们学到了一种独具魅力的生活技能，在繁忙、疲惫、困顿之时泡一杯香茗，品味茶香氤氲。茶，生长在大自然中，经历日晒风吹，耐得严寒酷暑，其顽强的生命力及清香高洁的气质呈现出雅致和美的风韵。品茶之色、香、味的同时，培养雅致的生活情趣，收获愉悦的心灵感受，寻求高远的人生境界。

《茶·茗与艺》是"品茗艺术"系列丛书的第二部，本书中主要呈现中国茶艺的基本内容。因篇幅所限，涉及素材尚不够全面，谨借此提供一个基本路径，与大家共同开启茶奥秘的探索之旅。

　　在本书的编写过程中得到了许多单位与个人的大力支持与帮助。书中的文字部分承蒙优秀教师孙茜女士予以审阅修订，台湾茶的资料承蒙林木连博士和戴羽祯女士提供；茗朴茶文化职业培训学校、北京日易传媒艺术公司、河北农业大学的米盈衣和李奕然女士参与资料收集及文字整理工作；照片与视频的拍摄编辑由李卫宁、孙晨旸、张斌完成，茶艺表演由廉栋先生、刘宇阳先生和谭经纬女士示范。茗朴农业科技有限公司为本书提供了大量文字资料及品鉴茶类实物样本，云南六大茶山茶业有限公司为本书提供了普洱茶相关图片资料。借此机会，特向以上单位与个人表示衷心感谢。

　　我们将在"品茗艺术"系列丛书的第三部《茶·境与艺》中详细讲述品茗艺术的全部内容。品茗艺术是极具民族特征及古典审美特色的中华艺术的重要组成部分。品茗活动讲究自然、简约、含蓄、高雅，是中国艺术的具体表达形式。《茶·境与艺》回溯中国艺术起源，描述各时代的艺术发展脉络，揭示茶艺美学与文学、书法、绘画、建筑等艺术风格之间的内在联系，介绍品茗艺术的表现方法、品茗环境的构建、品茗心境的营造，与大家共同开拓艺术审美视野，一起步入茶艺美学的艺术殿堂。

　　在此感谢各位读者能在百忙之中阅读本书，希望各位读者能拥有愉悦的心情，泡一款好茶，品味生活之美好。

赵艳红

2024年1月23日